计算机科学与技术专业核心教材体系建设 —— 建议使用时间

课程系列	一年级上	一年级下	二年级上	二年级下	三年级上	三年级下	四年级上	四年级下
基础系列	大学计算机基础							
电类系列		电子技术基础	数字逻辑设计 数字逻辑设计实验					
程序系列	计算机程序设计	面向对象程序设计 程序设计实践	数据结构	算法设计与分析	软件工程 编译原理	软件工程综合实践		
系统系列	离散数学(上) 信息安全导论	离散数学(下)		计算机系统综合实践	计算机网络	计算机体系结构		
			计算机原理	操作系统				
应用系列						人工智能导论 数据库原理与技术 嵌入式系统	计算机图形学	机器学习 物联网导论 大数据分析技术 数字图像技术
选修系列								

面向新工科专业建设计算机系列教材

计算机网络实践教程 微课版

丛书主编

张尧学

编 著

庄俊玺 赖英旭
刘 静 杨 震
杨胜志

清華大学出版社

北京

内 容 简 介

本书作者在总结多年的计算机网络实验教学和企业实践经验的基础上，针对计算机网络的关键知识点，按照其交叉关联的特点，设计了多个综合实验，特别对网络设备的基本配置、网络协议的分析、不同类型网络的原理和综合设计、网络安全协议的设计与使用等进行了重点分析和探讨。通过本书的学习，读者能够更加系统地理解计算机网络原理，熟练掌握网络设计和实现方法，增强工程实践能力。

本书内容通俗易懂，注重可操作性和实用性，通过不同层次实验案例的设计和讲解，可使读者举一反三、触类旁通。本书可作为高等学校计算机专业、信息安全专业及其他信息学科本科生的教材，也可作为计算机网络工程技术人员的参考书。

图书在版编目(CIP)数据

计算机网络实践教程：微课版/庄俊玺等编著. —北京：清华大学出版社，2024.2
面向新工科专业建设计算机系列教材
ISBN 978-7-302-65494-0

Ⅰ.①计⋯　Ⅱ.①庄⋯　Ⅲ.①计算机网络－高等学校－教材　Ⅳ.①TP393

中国国家版本馆 CIP 数据核字(2024)第 019963 号

责任编辑：白立军　薛　阳
封面设计：刘　键
责任校对：王勤勤
责任印制：刘海龙

出版发行：清华大学出版社
　　　　网　　　址：https://www.tup.com.cn，https://www.wqxuetang.com
　　　　地　　　址：北京清华大学学研大厦 A 座　　　　邮　　编：100084
　　　　社 总 机：010-83470000　　　　　　　　　　　　邮　　购：010-62786544
　　　　投稿与读者服务：010-62776969，c-service@tup.tsinghua.edu.cn
　　　　质量反馈：010-62772015，zhiliang@tup.tsinghua.edu.cn
　　　　课件下载：https://www.tup.com.cn，010-83470236
印 装 者：三河市龙大印装有限公司
经　　销：全国新华书店
开　　本：185mm×260mm　印　　张：6.75　插页：1　字　　数：165 千字
版　　次：2024 年 2 月第 1 版　　　　　　　　　　印　　次：2024 年 2 月第 1 次印刷
定　　价：39.00 元

产品编号：092660-01

出版说明

一、系列教材背景

人类已经进入智能时代,云计算、大数据、物联网、人工智能、机器人、量子计算等是这个时代最重要的技术热点。为了适应和满足时代发展对人才培养的需要,2017 年 2 月以来,教育部积极推进新工科建设,先后形成了"复旦共识""天大行动"和"北京指南",并发布了《教育部高等教育司关于开展新工科研究与实践的通知》《教育部办公厅关于推荐新工科研究与实践项目的通知》,全力探索形成领跑全球工程教育的中国模式、中国经验,助力高等教育强国建设。新工科有两个内涵:一是新的工科专业;二是传统工科专业的新需求。新工科建设将促进一批新专业的发展,这批新专业有的是依托于现有计算机类专业派生、扩展而成的,有的是多个专业有机整合而成的。由计算机类专业派生、扩展形成的新工科专业有计算机科学与技术、软件工程、网络工程、物联网工程、信息管理与信息系统、数据科学与大数据技术等。由计算机类学科交叉融合形成的新工科专业有网络空间安全、人工智能、机器人工程、数字媒体技术、智能科学与技术等。

在新工科建设的"九个一批"中,明确提出"建设一批体现产业和技术最新发展的新课程""建设一批产业急需的新兴工科专业"。新课程和新专业的持续建设,都需要以适应新工科教育的教材作为支撑。由于各个专业之间的课程相互交叉,但是又不能相互包含,所以在选题方向上,既考虑由计算机类专业派生、扩展形成的新工科专业的选题,又考虑由计算机类专业交叉融合形成的新工科专业的选题,特别是网络空间安全专业、智能科学与技术专业的选题。基于此,清华大学出版社计划出版"面向新工科专业建设计算机系列教材"。

二、教材定位

教材使用对象为"211 工程"高校或同等水平及以上高校计算机类专业及相关专业学生。

三、教材编写原则

(1) 借鉴 *Computer Science Curricula* 2013(以下简称 CS2013)。

CS2013 的核心知识领域包括算法与复杂度、体系结构与组织、计算科学、离散结构、图形学与可视化、人机交互、信息保障与安全、信息管理、智能系统、网络与通信、操作系统、基于平台的开发、并行与分布式计算、程序设计语言、软件开发基础、软件工程、系统基础、社会问题与专业实践等内容。

（2）处理好理论与技能培养的关系，注重理论与实践相结合，加强对学生思维方式的训练和计算思维的培养。计算机专业学生能力的培养特别强调理论学习、计算思维培养和实践训练。本系列教材以"重视理论，加强计算思维培养，突出案例和实践应用"为主要目标。

（3）为便于教学，在纸质教材的基础上，融合多种形式的教学辅助材料。每本教材可以有主教材、教师用书、习题解答、实验指导等。特别是在数字资源建设方面，可以结合当前出版融合的趋势，做好立体化教材建设，可考虑加上微课、微视频、二维码、MOOC 等扩展资源。

四、教材特点

1. 满足新工科专业建设的需要

系列教材涵盖计算机科学与技术、软件工程、物联网工程、数据科学与大数据技术、网络空间安全、人工智能等专业的课程。

2. 案例体现传统工科专业的新需求

编写时，以案例驱动，任务引导，特别是有一些新应用场景的案例。

3. 循序渐进，内容全面

讲解基础知识和实用案例时，由简单到复杂，循序渐进，系统讲解。

4. 资源丰富，立体化建设

除了教学课件外，还可以提供教学大纲、教学计划、微视频等扩展资源，以方便教学。

五、优先出版

1. 精品课程配套教材

主要包括国家级或省级的精品课程和精品资源共享课的配套教材。

2. 传统优秀改版教材

对于已经出版、得到市场认可的优秀教材，由于新技术的发展，计划给图书配上新的教学形式、教学资源的改版教材。

3. 前沿技术与热点教材

反映计算机前沿和当前热点的相关教材，例如云计算、大数据、人工智能、物联网、网络空间安全等方面的教材。

六、联系方式

联系人：白立军

联系电话：010-83470179

联系和投稿邮箱：bailj@tup.tsinghua.edu.cn

面向新工科专业建设计算机系列教材编委会

2019 年 6 月

面向新工科专业建设计算机系列教材编委会

FOREWORD

前言

在当今的信息时代,计算机网络科学与技术在众多的技术中已处于非常重要的地位,成为促进社会发展的重要技术支柱。而计算机网络课程内容具有知识点多、交叉关联多的特点,因此需要具备一定工程经验才能对知识点有一个更好的理解。另外,在新工科建设和国家安全形势的推动下,进行应用型人才的培养,必须提升学生在日后具备胜任各自岗位的工程能力和综合素质,使其成为合格的工程技术人员。为了更好地开展计算机网络实践教学,我们编写了这部实践教材,旨在使学生在学习计算机网络理论课的基础上,扩展学生的网络设计和组网能力,加深对计算机网络知识的理解。

本书由北京工业大学从事一线教学的教师编写。书中重点分析了计算机网络相关的基本协议、安全协议的原理和运行机制,并采用大量的实践案例讲解其应用过程。

本书共分6章,具体内容如下。

第1章网络设备访问和管理基础。本章首先简单介绍了路由器和交换机的基本原理,然后详细说明了配置网络基本设备的方法和命令,最后通过基础实验学习网络设备的基本应用。

第2章路由的连通性。本章首先介绍了路由的分类、路由协议的特点、路由决策的方法以及路由表各项内容的含义,然后重点介绍了各种路由的使用场景及配置方法,最后通过实验学习不同动态路由协议的应用。

第3章企业交换网络设计。本章首先根据一般企业交换网络的拓扑介绍了其需要用到的网络设备和组网技术,然后根据任务的分解重点介绍了子网划分、VLAN划分、生成树协议和链路聚合4项关键技术,最后通过实验学习各种技术的应用。

第4章构建小型网络。本章首先在第3章的基础上给出了小型网络的拓扑图,然后根据任务的分解重点介绍了NAT、DHCP和ACL 3项关键技术,最后通过实验学习各种技术的应用。

第5章网络安全和监控。本章首先简单介绍了保障局域网安全所需要的主要技术,然后重点介绍了交换机端口安全、DHCP Snooping、SNMP和VPN配置4项关键技术,最后通过实验学习各种技术的应用。

第 6 章广域网协议。本章首先介绍了广域网协议的基本原理,然后着重介绍了 PPP,最后通过实验学习 PPP 的各种应用。

本书的内容侧重于常用计算机网络知识的实践,所以相对简洁易懂,在真实的硬件设备上布线、配置实现,可操作性非常强,为读者提供了一个真实的实践场景。每章都有相应的实验支撑,每个实验都有相应的实验目的和任务作引导,使读者能够更加深入地理解理论知识,同时具备中小型网络的设计、组网和管理能力。

由于时间和水平有限,书中难免有疏漏和不足之处,恳请读者批评指正,使本书得以改进和完善。

编 者

2023 年 12 月

CONTENTS

目录

第1章　网络设备访问和管理基础 ·········· 1

1.1　路由器的基本原理 ·········· 1

1.2　交换机的基本原理 ·········· 3

1.3　神州数码路由器命令介绍 ·········· 5

　1.3.1　神州数码路由器的 Shell ·········· 5

　1.3.2　神州数码路由器的基本命令 ·········· 6

　1.3.3　神州数码路由器常用查询命令 ·········· 7

1.4　通过 Console 端口访问网络设备 ·········· 8

1.5　通过 Telnet 或者 SSH 访问网络设备 ·········· 8

第2章　路由的连通性 ·········· 13

2.1　路由决策 ·········· 13

2.2　路由表解析 ·········· 15

2.3　直连路由和静态路由 ·········· 16

2.4　默认路由 ·········· 19

2.5　动态路由协议 ·········· 21

　2.5.1　RIP ·········· 23

　2.5.2　BEIGRP ·········· 34

　2.5.3　OSPF ·········· 39

第3章　企业交换网络设计 ·········· 49

3.1　实验拓扑 ·········· 50

3.2　子网划分 ·········· 50

3.3　VLAN 划分 ·········· 53

3.4　MSTP ·········· 59

3.5　链路聚合 ·········· 62

第4章　构建小型网络 ··· 63

　　4.1　实验拓扑 ··· 63

　　4.2　NAT ··· 63

　　4.3　DHCP ·· 67

　　4.4　访问控制列表 ··· 69

第5章　网络安全和监控 ··· 75

　　5.1　LAN 安全 ··· 75

　　　　5.1.1　交换机端口安全 ·· 75

　　　　5.1.2　DHCP 安全 ·· 77

　　5.2　SNMP ·· 79

　　5.3　VPN ··· 82

第6章　广域网协议 ··· 89

　　6.1　HDLC ·· 89

　　6.2　PPP ··· 90

附录 A　实验目录 ·· 95

后记 ··· 97

网络设备访问和管理基础

在互联网中,路由器和交换机是最常见的网络设备,因此对路由器和交换机设备的访问和管理尤为重要。对于网络技术人员,首先要掌握路由器和交换机的基本原理,其次要掌握路由器和交换机的各种配置,最后能够根据网络设计需要对路由器和交换机进行合理的配置。

◇ 1.1 路由器的基本原理

路由器(Router)是一个把 Internet 中各局域网、广域网连接在一起的设备。路由器的主要作用是连通不同的网络;它的另一个重要作用是选择信息传送的线路,路由器会根据信道的情况自动选择和设定路由,再以最佳路径,按先后顺序发送信号,这样能大幅提高网络系统的通信速度,减轻网络系统通信负荷,节约网络系统资源,提高网络系统畅通率,从而让网络系统发挥出更大的效益。

路由器是网络互联的枢纽。路由器工作在网络层,实现网络层上不同网络间数据包的存储转发。同时,路由器能起到隔离广播域的作用。

路由器本质上也是计算机,它的组成结构类似于任何其他计算机(包括PC)。路由器各个部件的主要作用如下。

1. CPU:中央处理器

类似于计算机的 CPU,它是路由器的控制和运算部件,主要负责执行操作系统指令,如系统初始化、路由功能和交换功能。

2. RAM/DRAM:随机访问存储器(内存)

用于存储 CPU 所需执行的指令和数据,以及存储临时的运算结果。RAM是易失性存储器,如果路由器断电或重新启动,RAM 中的内容就会丢失。

RAM 用于存储以下组件。

(1)操作系统:启动时,操作系统会将 IOS(Internetwork Operating System)复制到 RAM 中。

(2)运行配置文件:这是存储路由器 IOS 当前所用的配置命令的配置文件。除几个特例外,路由器上配置的所有命令均存储于运行配置文件中,此文件也称为 running-config。

（3）路由表：此文件存储着直连网络以及远程网络的相关信息,用于确定转发数据包的最佳路径。

（4）ARP 表：此文件包含 IPv4 地址到 MAC 地址的映射。ARP 表作用在有 LAN 接口(如以太网接口)的路由器上。

（5）数据包缓冲区：数据包到达接口之后以及从接口送出之前,都会暂时存储在缓冲区中。

3. Flash：闪存

闪存是非易失性存储器。路由器断电后,Flash 的内容不会丢失。用于永久性存储路由器的 IOS。在启动过程中,IOS 复制到 RAM 中,再由 CPU 执行。Flash 的可擦除特性允许用户更新、升级 IOS 而不用更换路由器内部的芯片。Flash 容量较大时,就可以存放多个 IOS 版本。

4. NVRAM：非易失性 RAM

如果路由器断电或重新启动时,NVRAM 中的内容不会丢失。用于存放路由器的启动配置文件 startup-config。所有配置更改都存储于 RAM 的 running-config 文件中(有几个特例除外),要保存这些更改,路由器重新启动或断电后不会丢失其内容,必须将 running-config 复制到 NVRAM 中,并在其中存储为 startup-config 文件。

5. ROM：只读存储器

ROM 存储了路由器的开机诊断程序、引导程序和特殊版本的 IOS 软件(用于诊断等有限用途),ROM 中软件升级时需要更换芯片。如果路由器断电或重新启动,ROM 中的内容不会丢失。例如,Cisco 系列设备使用 ROM 来存储 bootstrap 指令、基本诊断软件和精简版 IOS。

6. Interface：接口

接口主要用于网络连接。路由器就是通过这些接口和不同的网络进行连接的。接口包括管理端口和路由器接口。

（1）管理端口：用于管理路由器的物理接口。最常见的管理端口是控制台端口和辅助端口。

① 控制台端口(Console)。用于连接终端(大多数情况下是运行终端模拟器软件的 PC),从而在无须通过网络访问路由器的情况下配置路由器。对路由器进行初始配置时,必须使用控制台端口。

② 辅助端口(AUX)。类似于控制台端口,AUX 端口可以实现与路由器直连、非网络连接的情况下配置路由器。此端口可用于连接调制解调器,它使用一种调制解调器可以插入的连接器类型插入调制解调器,可以远程配置管理路由器。在更关键的系统中,通常将调制解调器永久性地连接到路由器的 AUX 端口上。此外,当借助本地控制台配置管理路由器不现实时,AUX 端口也可以提供类似控制台端口的访问。

（2）路由器接口：路由器一般具有快速以太网接口,用于连接不同的 LAN;还具有各种类型的 WAN 接口,用于连接多种串行链路(其中包括 T1、DSL 和 ISDN)。

① LAN 接口。用于将路由器连接到 LAN 上,通常使用支持非屏蔽双绞线(UTP)网线的 RJ-45 接口。当路由器与交换机直接连接时,使用直通电缆。当两台路由器通过以

太网接口直接连接,或路由器以太网接口与 PC 网卡直接连接时,使用交叉电缆。

②WAN 接口。WAN 接口用于将路由器连接到外部网络。本书中应用最多的 WAN 接口是"高速同步串口"(Serial),主要用于连接 DDN、帧中继(Frame Relay)、 X.25、PSTN(模拟电话线路)等网络连接模式。在企业网之间有时也通过 DDN 或 X.25 等广域网连接技术进行专线连接。这种同步端口一般要求速率非常高,因为一般来说,通过这种端口所连接的网络的两端都要求实时同步。

◇ 1.2　交换机的基本原理

目前,交换机主要分为二层交换机和三层交换机。

二层交换机设备主要工作在数据链路层,基于收到的数据帧中的源 MAC(Media Access Control)地址和目的 MAC 地址进行工作,二层交换机的每个端口享用专用的带宽和隔离冲突域,能够实现全双工操作。

三层交换机设备使用比较普遍,与二层交换机设备相比增加了一些功能。它有两个主要功能,首先是维护内容可寻址存储器(Context Address Memory,CAM)表,CAM 是 MAC 地址、交换机端口以及端口所属 VLAN 的映射表;其次是根据 CAM 表来转发数据帧,当交换机收到一个数据帧后,它会将数据帧帧头中的目的 MAC 地址与 CAM 表中的 MAC 地址列表进行比对,如果找到正确的匹配项,数据帧就会从与 MAC 地址匹配的端口号对应的端口转发出去。以太网交换机转发数据帧的方法主要有以下 3 种。

(1) 存储(Store-and-Forward)转发。存储转发,顾名思义就是先接收存储再转发的方式。当交换机端口接收到数据帧后,先全部缓存,之后进行 CRC 检查,把错误数据帧(当数据帧太短,小于 64B,或者数据帧太长,大于 1518B 时;当数据传输过程中出现了错误时)丢弃,检查正确后才取出数据帧的目的地址,通过查找 MAC 地址表进行过滤和转发。由此可见,如果数据帧越长,那么接收整个数据帧所花费的时间就越多,延时就越大,因此,存储转发方式的延时与数据帧的长度成正比。存储转发方式可以对进入交换机的数据帧进行高级别的错误检测,同时,该方式支持不同速度的端口间的转换,保证低速端口与高速端口之间的协同工作。

(2) 直通(Cut-Through)转发。当交换机的输入端口接收到一个数据帧时,首先检查该数据帧的帧头,从而获取数据帧的目的 MAC 地址,然后就执行转发该数据帧,这就是直通转发方式。该方式的优点是,在转发数据帧之前不需要完整地读取整个数据帧,因此延时非常小,整个交换过程也非常快。它的缺点是,因为没有缓存数据帧的内容,所以无法检测数据帧是否有误。

(3) 无碎片(Fragment-Free)转发。无碎片转发方式是介于上面两种方式之间的一种转发方式,类似于直接转发方式。因为在正常运行的网络中,冲突大多发生在 64B 之前,所以无碎片转发方式在正确读取数据帧的前 64B 之后,就开始转发该数据帧。由于这种方式不提供数据校验,所以它的数据处理速度比存储转发方式快。

下面来看一下交换机是如何来完成交换功能的,它主要采用下面几种基本操作来完成。

（1）地址学习。当交换机从某个接口接收到数据帧后，交换机将读取数据帧帧头中的源 MAC 地址，并在已有的 MAC 地址表中填入该 MAC 地址及其对应的端口，这是 MAC 地址学习的过程。

（2）地址刷新。当交换机通过学习获取一条 MAC 地址表条目时，会将时间戳也存进来，该时间戳主要用于将旧的 MAC 地址条目删除。具体操作如下，当 MAC 地址表创建某个条目之后，会使用该地址的时间戳作为起始值，然后开始递减计数，直到计数值变成 0 之后，该条目就会被删除，这个过程也称为老化。如果交换机从相同端口接收到相同的源 MAC 地址的帧时，那么交换机会刷新 MAC 地址表中的该条目，然后重新开始计时。

（3）泛洪数据帧。如果目的 MAC 地址不在 MAC 地址表中，交换机不知道向哪个端口发送数据帧，那么交换机就会将数据帧发送到除接收端口外且在同一 VLAN 中的其他端口，该过程被称为未知单播数据帧泛洪。泛洪还可用于发送广播或者组播数据帧。

（4）转发数据帧。转发是指交换机接收到数据帧后，交换机检查数据帧的目的 MAC 地址，如果 MAC 地址表中有对应该地址的表项，那么交换机将数据帧从对应的端口转发出去。

（5）过滤数据帧。过滤是指在某些情况下，交换机不转发收到的数据帧。当数据帧损害时，直接丢弃，例如，数据帧没有通过循环冗余码校验(Cyclic Redundancy Check, CRC)检查，就会被丢弃。

企业在选择交换机设备时，通常要考虑的参数包括端口密度、冗余电源和功能、可靠性、端口速度、帧缓冲区及可扩展性等。同时，在选择交换机类型时，网络设计人员还必须考虑使用固定配置、模块化配置以及堆叠式或非堆叠式交换机。

（1）固定配置交换机：该交换机只支持出厂配置时的功能或选件，具体的功能和选件由选定的交换机型号决定。

（2）模块化配置交换机：该交换机配置比较灵活，不同尺寸的交换机机箱安装的模块化板卡数量不同。

（3）可堆叠配置交换机：该交换机可使用专用连接线缆进行互连，可以实现单台交换机端口数的扩充。

除此之外，交换机还可分为对称交换机和非对称交换机。对称交换机的端口带宽相同，非对称交换机的端口带宽不相同。非对称交换机可以把更多带宽分配给连接服务器或者上行链路交换机的端口，从而避免带宽瓶颈的产生。

企业园区网通常采用分层网络设计，该设计更容易管理和扩展网络，排除故障也更迅速。一般分层设计模型分为接入层、分布层和核心层，在中小型网络中，通常把分布层和核心层合在一起。各层功能部署如下。

（1）接入层(Access)。接入层主要负责连接终端设备(如 PC、无线接入点等)，为它们访问网络中的其他部分提供服务。接入层的主要功能有两个，一是将设备连接到网络中，二是控制网络中设备间通信的方法。接入层使用的设备通常是二层交换机。

（2）分布层(Distribution)。分布层主要负责汇聚接入层交换机发送的数据并将其传输到核心层，然后发送到最终目的地。分布层的主要功能有两个，一是使用策略控制网络的通信流量,二是通过在接入层定义的虚拟局域网(VLAN)之间执行路由功能来划分广播域。分布层使用的设备通常是三层交换机。

（3）核心层(Core)。核心层主要负责汇聚分布层发送过来的流量。核心层的主要功能有两个,一是保持网络的高可用性和高冗余性,二是快速转发大量的数据。核心层使用的设备通常也是三层交换机。

◆ 1.3 神州数码路由器命令介绍

为了更好地学习并深入理解路由器和交换机知识,本节以神州数码的硬件产品和 Cisco Packet Tracer 软件为例进行讲解,从而了解实验配置的基本过程和步骤,基于其他硬件和软件的实验与此类似。

1.3.1 神州数码路由器的 Shell

Shell 是神州数码 DCR 系列路由器为用户提供的配置路由器的命令行接口。用户进入 Shell 配置方式后,就可输入配置命令,Shell 会调用相应协议模块的 API 函数,执行相应的功能。

DCR 系列路由器的 Shell 是由一系列的配置命令组成的,根据这些命令在配置路由器时所起的作用不同,Shell 将这些命令进行分类,使不同类别的命令对应着不同的配置模式。

1. 一般用户配置模式

路由器开机后,选择不进入交互方式配置路由器,即可进入一般用户配置模式,提示“Router >”,符号“>”为一般用户配置模式的提示符。用户使用“exit”命令可以从特权用户配置模式退回到一般用户配置模式。在一般用户配置模式下,用户不能对路由器进行任何配置,只能查询路由器的时钟和历史配置命令及路由器的版本信息。

2. 特权用户配置模式

在一般用户配置模式下输入“enable”命令,如果已经配置特权用户的口令,则输入相应的特权用户口令,即可进入特权用户配置模式“Router♯”。当用户从全局模式使用“exit”命令退出时,也可以回到特权用户配置模式。另外,DCR 路由器还提供了 Ctrl+Z 的快捷键,使得路由器在任何配置模式(一般用户配置模式除外)下,都可以退回到特权用户配置模式。在特权用户配置模式下,用户可以查询路由器配置信息、链路状况、协议执行、各项统计信息以及进行系统管理等。而且进入特权用户配置模式后,可以进入全局配置模式对路由器的各项配置进行修改,因此进入特权用户配置模式必须要设置特权用户口令,防止非特权用户的非法使用,以防对路由器配置进行恶意修改,造成不必要的损失。

3. 全局配置模式

进入特权用户配置模式后,只需输入“config”命令,即可进入全局配置模式“Router_config♯”。当用户在其他配置模式,如接口配置模式、路由配置模式时,可以使用“exit”命令退回到全局配置模式。当进入全局配置模式时,用户可以对路由器进行全局性的配置,如配置路由器的名字、用户数据库、远程用户登录口令等。

4. 接口配置模式

在全局配置模式下,用"interface"命令进入相应的接口配置模式。

5. VPDN 组配置模式

在全局配置模式下,用"vpdn-group"命令进入 VPDN 组配置模式"Router_Config-VpdnGroup♯"。在 VPDN 组配置模式下可以配置 VPDN 的参数,目前主要是 L2TP 的配置参数。执行"extt"命令即可从 VPDN 组配置模式退回到全局配置模式。

1.3.2　神州数码路由器的基本命令

将一台计算机的串口和路由器的 Console 口进行连接,使用 Windows 系统自带的超级终端软件配置路由器。

```
Router>
//"Router"是路由器的名字,而">"代表是在一般用户配置模式下。
Router>enable
//"enable"命令使路由器从用户模式进入特权用户配置模式。
Router#config
//"config"命令使路由器从特权用户配置模式进入全局配置模式。
Router_config#hostname R1
//修改路由器的名称为"R1"。
R1_config#interface s0/0
//进入接口配置模式,这里是串口(第 0 块板卡 0 槽位的第 0 个接口)。
R1_config_s0/0#ip address 10.1.1.1 255.255.255.0
//为接口配置一个 IP 地址 10.1.1.1,子网掩码为 255.255.255.0。
R1_config_s0/0#physical-layer speed 64000
//当 R1 的这一端是 DCE(数据通信设备)时,需要配置时钟。
R1_config_s0/0#no shutdown
//开启该接口,因为默认路由器的各个接口是关闭的。
R1_config_s0/0#exit
//退回到上一级模式。
R1_config#end(或 Ctrl+Z)
//结束配置直接回到特权用户配置模式下。
R1#copy running-config startup-config
Destination filename [startup-config]?
Building configuration…
[OK]
//把内存中的配置保存到 NVRAM 中,路由器开机时会读取该配置。
```

DCR 系列路由器为方便用户的配置,特别提供了多个快捷键,如上、下、左、右键及删除键 BackSpace 等。如果超级终端不支持上下光标键的识别,可以使用 Ctrl+P 和 Ctrl+N 来替代。DCR 系列路由器不同按键的功能如表 1-1 所示。

表 1-1　DCR 系列路由器不同按键的功能对照表

按　　　键	功　　　能
删除键 BackSpace	删除光标所在位置的前一个字符,光标前移
上光标键"↑"	显示上一个输入命令。最多可显示最近输入的十个命令
下光标键"↓"	显示下一个输入命令。当使用上光标键回溯到以前输入的命令时,也可以使用下光标键退回到相对于前一个命令的下一个命令
左光标键"←"	光标向左移动一个位置
右光标键"→"	光标向右移动一个位置
Ctrl+P	相当于上光标键"↑"的作用
Ctrl+N	相当于下光标键"↓"的作用
Ctrl+Z	从其他配置模式(一般用户配置模式除外)下直接退回到特权用户配置模式
Ctrl+C	打断路由器 ping 其他主机的进程
Ctrl+]	从 Telnet 登录的远程主机退出,退回到"telnet>"模式
Tab 键	当输入的字符串可以无冲突地表示命令或关键字时,可以使用 Tab 键将其补充成完整的命令或关键字

1.3.3　神州数码路由器常用查询命令

```
Router#show version
//显示路由器版本信息。
Router#show running-config
//显示当前运行状态下生效的路由器参数配置。
Router#show startup-config
//显示当前运行状态下写在 Flash Memory 中的路由器参数配置,通常也是路由器下次加电
//启动时所用的配置文件。
Router#show memory
//显示指定内存区域的内容。
Router#show history
//显示当前用户最近输入的历史命令。
Router#show clock
//显示系统当前日期和时钟。
Router#show controller
//显示指定接口的控制器状态和配置信息。
Router#show hosts
//显示主机名称及相应 IP 地址。
```

◈ 1.4　通过 Console 端口访问网络设备

路由器或者交换机可以看作一台特殊用途的计算机,但是它们通常没有键盘、鼠标和显示器,因此如果要对其进行基本配置,需要借助计算机的相应组件来完成。路由器或者交换机出厂时通常是没有初始配置的,如果要完成初始配置,需要把计算机的 COM 端口与网络设备的控制台(Console)端口相连接,若计算机没有 COM 端口,可以用一条 USB 转 COM 端口的线缆代替,同时安装相应的驱动程序。连接成功后,可以对路由器设备端口的 IP 地址和密码等进行初始化配置,之后就可以使用网管软件、Web 浏览器、Telnet、SSH 等方式进行访问或者配置。

Console 端口是一种网络设备管理端口,通常可以通过 Console 端口对网络设备进行访问。计算机的 COM 端口和网络设备的 Console 端口可以使用反转线缆(线缆两端的 RJ-45 接头上的线序是相反的)进行连接,反转线缆的一端接在计算机的 COM 端口上,另一端接在网络设备的 Console 端口上。将计算机和需要配置的网络设备连接好后,就可以使用超级终端、SecureCRT 等终端管理软件进行连接和配置了。

现在各大厂商生产的新款网络设备除了串行 Console 口(RJ-45)外,还提供了 USB Console 口(mini USB),这样方便笔记本连接,也可以不使用 USB 转 Serial 线了,但是需要安装相应的驱动程序。

◈ 1.5　通过 Telnet 或者 SSH 访问网络设备

当网络管理员不在网络设备现场的时候,就可以通过 Telnet 或者 SSH(Secure Shell,安全外壳)远程管理网络设备,这种方式大大地提高了网络设备管理的灵活性。当然,像 1.4 节讲的一样,仍然需要在网络设备上提前完成一部分基础配置,从而保证网络管理员的计算机和网络设备之间的 IP 可达性。

Telnet 服务开放端口为 TCP 23,SSH 服务开放端口为 TCP 22。Telnet 协议在网络设备之间传输数据时,采用明文传输,因此它不能有效防止远程管理过程中的信息泄露;SSH 协议可以利用加密和验证功能提供数据安全传输,因此可以保护网络设备不受 IP 地址欺诈、密码截取等攻击。

实验 1-1:通过 Console 端口访问路由器

1. 实验目的

(1) 正确认识路由器上各端口的名称及用途。

(2) 熟练掌握使用路由器的 Console 线,连接路由器的 Console 口和计算机的串口。

(3) 熟练掌握使用 SecureCRT 或超级终端进入路由器的配置界面。

(4) 试一试使用其他软件进入路由器的配置界面。

2. 实验拓扑

实验拓扑如图 1-1 所示。

图 1-1　PC 连接路由器

3. 实验步骤

（1）认识路由器的端口。

路由器的各个端口名称如图 1-2 所示。

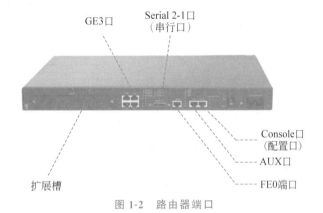

图 1-2　路由器端口

（2）连接 Console 线。

当插拔 Console 线时，一定要注意保护路由器的 Console 口和 PC 的串口，尽量做到不带电插拔。另外，有些计算机不带 COM 口，这时需要利用 USB 转 COM 设备进行连接。

（3）使用软件 SecureCRT（如果是 Windows XP 系统，也可以使用自带的超级终端）登录网络设备，并查看当前设备信息。

安装 SecureCRT 软件，并进行相应的设置。其中，COM 端口通过计算机设备管理器的端口选项可以查看，此时，波特率设置为 9600，数据位设置为 8，奇偶校验设置为无，停止位设置为 1，数据流控制全部不选择。

特别注意，如果启动软件未跳出软件会话选项，可以通过该软件对话框语言栏下方的第二个图标（快速连接）打开，然后选择 Serial 协议进行相关设置。具体设置如图 1-3 所示。

设置好基本选项，确认好 PC 串口和路由器 Console 口的正确连接，按 Enter 键即可进入路由器配置界面，如图 1-4 所示。

图 1-3　SecureCRT 连接

图 1-4　路由器配置界面

实验 1-2：路由器的密码恢复

1. 实验目的

为了保障路由器的安全,通常会配置路由器的登录密码,那么如果忘记密码,如何在不破坏配置的情况下恢复路由器密码呢?

(1) 熟练掌握路由器的密码恢复过程。

(2) 调研一下其他品牌路由器/交换机密码恢复过程。

2. 实验拓扑

实验拓扑如图 1-1 所示。

3. 实验步骤

(1) 在路由器上配置密码。

```
Router>enable
//进入特权用户配置模式。
Router#config
//进入全局配置模式。
Router_config#hostname R1
//修改路由器的名称为"R1"。
R1_config#enable password 0 kjfnijf level 10
//配置一个路由器密码,以供密码恢复时使用。其中,0代表是否加密,level代表用户能使用
//的权限等级。
R1_config#aaa authentication enable default enable
//开启认证功能。
R1_config#write
//写入配置文件。
```

（2）进行路由器密码恢复。

```
R1_config#reboot
//关闭路由器电源并重新开机。
```

当控制台出现启动过程时,可以按 Ctrl＋Break 组合键或者一直按住 Ctrl＋B 组合键或者在打开电源时输入"aaa",然后进入"monitor＃",即监控模式。

```
monitor#delete
//输入"delete"命令后,在弹出的提示中输入"y",按 Enter 键。delete 命令如不输入文件
//名,默认删除的文件为 startup-config。
monitor#reboot
//重启路由器。
```

实验 1-3：路由器系统镜像文件备份、恢复或更新

1. 实验目的

路由器系统和计算机操作系统一样,为了保障安全,系统需要及时更新,例如,有时候为了某个特定功能需要恢复到某个特定版本,有时候因为某一误操作导致系统丢失需要重新部署系统。

（1）掌握路由器系统镜像文件的备份。

（2）掌握路由器系统镜像文件的恢复或更新。

（3）了解不同路由器系统镜像文件的命名规则和含义。

2. 实验拓扑

实验拓扑如图 1-1 所示。

3. 实验步骤

（1）删除 Flash 中的镜像。

```
Router>enable
//进入特权用户配置模式。
Router#config
//进入全局配置模式。
Router_config#hostname R1
//修改路由器的名称为"R1"。
R1_config#exit
R1#dir
//显示 Flash 中的镜像文件。
R1#config
R1_config#interface f0/0
R1_config_f0/0#ip address 10.1.1.2 255.255.255.0
//在相应接口下配置 IP 地址。
R1_config_f0/0#exit
R1_config#exit
R1#copy flash:DCR-2655_1.3.3H.bin tftp:10.1.1.1
//备份文件。
R1#delete DCR-2655_1.3.3H.bin
//删除 Flash 中的镜像文件。
```

删除 Flash 中的镜像文件之后,使用 reboot 命令将直接进入"monitor#",即监控模式。

重要提示:请慎重进行该步骤的操作。如果工作中不慎误删系统文件,请不要将路由器关机,可以直接使用"copy tftp flash"命令从 TFTP 服务器恢复系统文件,这比下面介绍的方法简单快速。

另外,除了从 TFTP 恢复系统文件,还可以用 Xmodem 方式通过 Console 口恢复 IOS,然而由于 Console 口的速度很慢,很少有人采用。

(2) 恢复镜像文件。

先确认镜像文件已经存放在 C:\TFTP-Root 目录下。路由器丢失了镜像文件后,开机将自动进入监控模式。

在 Monitor 模式下,设置本机在 Monitor 模式下的 IP 地址、子网掩码、服务器的 IP 地址、子网掩码以及选择 TFTP 或者 FTP 的升级方式。如果设置本机 IP 地址为 10.1.1.2/24,服务器所在的 IP 地址为 10.1.1.1/24,选择 TFTP 升级方式,那么相应的配置如下。

```
monitor#ip address 10.1.1.2 255.255.255.0
//路由器和 TFTP 服务器在同一网段,因此不需要设置网关。
monitor#copy tftp:DCR-2655_1.3.3H.bin flash: 10.1.1.1
//恢复文件。
monitor#reboot
//重启路由器。
Loading DCR-2655_1.3.3H.bin…
```

路由的连通性

路由器的主要功能是,根据路由表确定发送数据包的最佳路径,然后将数据包从最佳路径发送到另一个网络。路由表是网络信息的核心,路由器通过搜索存储在路由表中的路由信息确定路由并将数据包发送到目的地,因此路由表是路由器工作的重点。对于静态路由,一般是网络管理员手工配置路由信息来构建路由表;对于动态路由,一般是路由器之间通过路由协议动态交换路由信息来构建路由表。通常情况下,动态路由和静态路由同时使用。

◆ 2.1 路由决策

路由器在转发数据包时,首先在路由表中查找相应的路由条目,然后根据相应路由条目对应的转发接口,确定从哪个接口转发出去。路由器构建路由表的方式主要有直连路由、静态路由、默认路由和动态路由。

(1) 直连路由:路由器与目的地所在网络直接相连的路由。

(2) 静态路由:与特定远程网络相连接的路由。

(3) 默认路由:当找不到到达目的网络的路由或者终结路由时,通常所采用的路由。默认路由与所有数据包都匹配,一般将 0.0.0.0/0 作为默认静态路由的 IP 地址。

(4) 动态路由:不同路由表之间通过路由协议(如 RIP、BEIGRP、OSPF 等)动态交换路由信息构建的路由。

动态路由是按照作用的 AS(Autonomous System,自治系统)来划分的,一般分为内部网关协议(Interior Gateway Protocols,IGP)和外部网关协议(Exterior Gateway Protocols,EGP)。IGP 主要用于 AS 内部的路由,同时也用于独立网络中的内部路由。按照路由协议的工作原理,IGP 可以分为距离矢量(Distance Vector)路由协议和链路状态(Link State)路由协议。常用的距离矢量路由协议主要有 RIP 和 BEIGRP(源于思科的 EIGRP),常用的链路状态路由协议主要有 OSPF 和 IS-IS。距离矢量路由协议和链路状态路由协议的特点对比如表 2-1 所示。

表 2-1　距离矢量路由协议和链路状态路由协议的区别

项　目	距离矢量路由协议	链路状态路由协议
更新范围	路由条目	整个网络的拓扑信息
更新内容	完整的路由表发送给邻居路由器	链路状态变化部分发送给其他路由器
更新频率	定期频繁地发送路由信息	事件触发时发送路由信息
收敛速度	路由信息数据包多,收敛慢	路由信息数据包少,收敛相对较快
资源占用	CPU 和内存资源占用较少	CPU 和内存资源占用较多

距离矢量路由协议和链路状态路由协议根据其自身特点,应用的场景不同。

距离矢量路由协议主要用于:

(1) 特定类型的网络拓扑,如集中的星状网络。

(2) 网络结构简单,网络设备数量较少,不需要分层设计的网络。

(3) 对收敛速度要求不高的网络。

链路状态路由协议主要用于:

(1) 网络结构相对复杂,通常需要分层设计的网络。

(2) 对收敛速度要求比较高的网络。

在路由决策过程中,下面两个参数是必须考虑的,它们分别是管理距离和度量值。

(1) 管理距离(Administrative Distance,AD)。

管理距离体现了路由协议的路由可信度,范围是 0~255 的整数值,值越小表示路由信息的优先级别越高,0 表示优先级别最高,最值得信赖。默认情况下,只有直连网络的管理距离为 0,这个值一般不能更改。而静态路由和动态路由协议的管理距离通常是可以修改的。直连路由、静态路由以及常见动态路由协议的默认管理距离如表 2-2 所示。

表 2-2　默认 AD

路 由 类 别	路 由 协 议	管理距离(AD)
直连路由		0
静态路由		1
动态路由	RIP	120
	OSPF	110
	IS-IS	115
	内部 BEIGRP	90
	外部 BEIGRP	170
	BEIGRP 汇总路由	5

(2) 度量值(Metric)。

度量值是路由协议在产生路由表时,为每一条通过网络的路径产生的一个路由开销值。对于同一种路由协议,当有多条路径通往同一目的网络时,路由协议根据度量值的大小来确定最佳路径,度量值越小,路径越优先。每一种路由协议都有自己的路由算法,也有自己的度量方法,所以不同的路由协议决策出的最佳路径不尽相同。路由协议中常用的度量值如下。

① 跳数:数据包经过的路由器输出端口的个数。

② 带宽:链路的数据承载能力。

③ 时延:网络路径中的接口延时总和。

④ 开销:链路上的花费(Cost),例如,OSPF 动态路由协议是根据接口的带宽来计算的。

⑤ 负载:已被使用的链路大小。

⑥ 可靠性:链路出现故障的可能性,如网络链路中错误比特的比率。

◆ 2.2　路由表解析

路由表是保存在路由器 RAM 中的数据文件,它存储了与直连网络或者远程网络相连的相关路由信息。路由表中包含网络和下一跳的关联信息,路由器根据这些关联信息选择最佳路径,将数据包发送到通往目的地址的中间路由器,最终发送到目的地接口。路由器在查找路由表的过程中通常采用递归查询法,路由器添加路由条目的原则如下。

(1) 具有有效的下一跳地址。

(2) 如果路由器通过不同的路由协议学到多条去往同一目的地的路由,那么路由器将管理距离最小的路由条目加入路由表中。

(3) 如果路由器通过同一种路由协议学到多条去往同一目的地的路由,那么路由器将度量值最小的路由条目加入路由表中。

解析路由表的过程中,要了解如下相关术语。

(1) 一级路由:指子网掩码长度等于或小于网络地址有类掩码长度的路由。如 192.168.1.0/24,它的子网掩码长度等于 C 类网络地址掩码长度,因此属于一级网络路由。一级路由一般是:

① 默认路由:地址为 0.0.0.0/0 的路由,或者路由代码后紧跟"＊"的路由。

② 超网路由:掩码长度小于有类掩码长度的网络地址。

③ 网络路由:掩码长度等于有类掩码长度的路由。

(2) 二级路由:有类网络地址的子网路由。二级路由一般来自直连网络、静态路由或动态路由协议。二级路由通常包含下一跳 IP 地址或输出接口,因此属于最终路由。

(3) 最终路由:指路由条目中包含下一跳 IP 地址或输出接口的路由。

路由查找匹配的过程遵循最长匹配原则。例如,路由表中有以下两条静态路由条目。

```
S 172.16.1.0/24 is directly connected, Serial0/0
S 172.16.0.0/16 is directly connected, Serial0/1
```

当有去往目的 IP 地址为 172.16.1.79 的数据包经过路由器时,路由器会同时与这两条路由条目相匹配,结果是与 172.16.1.0/24 匹配的位数更多,于是路由器将使用第一条静态路由转发该数据包。

路由器转发三层 IP 数据包的关键是依靠路由表,每台路由器中都保存着一张路由表,表中每条路由项都指明数据到达某个子网路径,应通过路由器的哪个物理接口发送出去。IP 数据包传输到网络层,路由器检查数据包的目的 IP 地址,如果目的 IP 地址是路由器接口的 IP 地址,那么路由器就直接转发该数据包给接口对应的直连网段。如果目的 IP 地址不是路由器的直连网络,那么路由器会查找路由表,选择一条正确的路径。

以下是路由器中保存的路由表项。

```
R1#show ip route
Codes: C-connected, S-static, R-RIP, B-BGP, BC-BGP connected
       D-BEIBRP, DEX-external BEIGRP, O-OSPF, OIA-OSPF inter area
       ON1-OSPF NSSA external type 1, ON2-OSPF NSSA external type 2
       OE1-OSPF external type 1, OE2-OSPF external type 2
       DHCP-DHCP type, L1-IS-IS level-1, L2-IS-IS level-2
//缩写字母的含义。
C    1.1.1.0/24        is directly connected, Loopback0
C    192.168.10.4/30   is directly connected, Serial0/1
O    192.168.10.0/30   [110,1601] via 192.168.10.2(on Serial0/1)
```

以上各项含义如下。

(1)代码(Codes):表示路由器可以获取路由的全部协议名称。

(2)协议:表示路由表中现有的路由是通过什么方式学习到的。标记"C"表示直连路由,标记"S"表示静态路由,标记"R"表示 RIP 得到的路由,标记"O"表示 OSPF 协议得到的路由等。

(3)"192.168.10.0/30"指目的地址:路由条目中最前面的网络地址,即路由器到达的目标网络地址。路由器中可能会有多条路径到达同一地址,但在路由表中只有到达该地址的最佳路径。

(4)"[110,1601]"指路由参量,包含管理距离和度量值。

(5)"via 192.168.10.2(on Serial0/1)"指下一个途经设备的 IP 地址和该设备的输出接口。

◆ 2.3　直连路由和静态路由

直接连到路由器接口上的子网被称为直连网络(Directly-Connected Networks)。当接口开始工作并配置了 IP 地址和子网掩码时,路由器自动地将它们的路由加入路由表中,这些路由称为直连路由(Directly-Connected Routes)。直连路由在路由表中以代码"C"表示。每一个路由器都有直接相连的网络,否则无法扩展网络。

静态路由(Static Routes)是在路由器中设置的固定路由表。一般情况下,静态路由是不会发生变化的。在所有的路由条目中,静态路由的优先级最高。静态路由在路由表中以代码"S"表示。

静态路由一般用在以下场景。

（1）应用在小型网络中，或者网络扩展性不强的情况。静态路由便于维护路由表，且管理负担小。

（2）应用于末节网络（Stub Network），即只有一个出口的网络。因为末节网络中路由器只有一个邻居，只能通过单条路由访问的网络，因此不需要使用动态路由协议。

（3）使用单一默认路由网络。如果某个网络在路由表中找不到更匹配的路由条目，则可使用默认路由作为通往该网络的路径。

静态路由的优点：

（1）占用的 CPU 和内存资源较少。

（2）不需要动态更新路由，可以减少对带宽的占用，提高网络安全性。

（3）便于管理员了解整个网络路由信息。

（4）简单且易于配置。

静态路由的缺点：

（1）初始配置和维护耗时多。

（2）配置大型网络时易出错。

（3）当网络拓扑发生变化时，需要手动维护变化的路由信息。

（4）管理员需要对整个网络完全了解，然后才能合理配置。

静态路由常用于连接特定网络，或为末节网络提供最后选用的网关。静态路由可以简单分为以下 4 种。

（1）标准静态路由：用于连接到特定远程网络的静态路由。

（2）默认静态路由：将 0.0.0.0 作为目的 IP 地址的静态路由。需要注意的是明细路由优先于默认路由。

（3）静态汇总路由：为了节省内存空间、有效保护内部网络、提高路由表查找效率，将多条静态路由总结成一条静态路由来减少路由表条目的数量。

（4）浮动静态路由：是为主静态路由或动态路由提供备份路径的静态路由，浮动静态路由仅在主路由不可用时使用。实现方法是配置浮动静态路由的管理距离大于主路由的管理距离。

配置静态路由的命令是 **ip route**，该命令的语法如表 2-3 所示。

表 2-3　静态路由命令

命　　　令	解　　释
全局配置模式	全局配置模式
ip route ＜ip_address＞ ＜mask＞ ｛＜interface＞｜＜gateway＞｝［＜preference＞］	配置静态路由
no ip route ＜ip_address＞ ＜mask＞ ｛＜interface＞｜＜gateway＞｝	命令的 no 操作为删除静态路由

实验 2-1：配置直连路由和静态路由

1. 实验目的

简单来说，直连路由就是一系列的指路牌（此指路牌只能知道直接相连的目的地）。

实验 2-1
视频

许多指路牌的信息汇集在一起,经过处理后建立更高级的指路牌(此时每个指路牌能标注所有的目的地),就相当于一个地图,通过这个地图就能知道目的地怎么去。直连路由和静态路由是最基本的路由。

(1)掌握静态路由配置命令。

(2)能够根据需要正确配置静态路由。

(3)掌握查看直连路由情况的方法。

2. 实验拓扑

实验拓扑如图 2-1 所示。

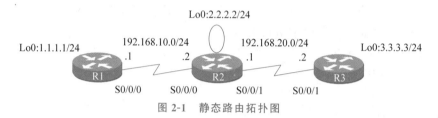

图 2-1 静态路由拓扑图

3. 实验步骤

(1)配置路由器 R1。

```
R1_config#int loopback0
R1_config_lo0#ip address 1.1.1.1 255.255.255.0
//配置 R1 的环回接口 IP 地址。
R1_config#interface s0/0
R1_config_s0/0#ip address 192.168.10.1 255.255.255.0
//配置 R1 的接口 IP 地址。
R1_config_s0/0#no shutdown
//开启该端口。
R1_config#ip route 2.2.2.0 255.255.255.0 s0/0
R1_config#ip route 3.3.3.0 255.255.255.0 s0/0
R1_config#ip route 192.168.20.0 255.255.255.0 s0/0
//配置 R1 的静态路由。
```

(2)配置路由器 R2。

```
R2_config#int loopback0
R2_config_lo0#ip address 2.2.2.2 255.255.255.0
//配置 R2 的环回接口 IP 地址。
R2_config#int s0/0
R2_config_s0/0#physical-layer speed 64000
//当 R2 的这一端是 DCE 时,需要配置时钟。
R2_config_s0/0#ip address 192.168.10.2 255.255.255.0
//配置 R2 的接口 IP 地址。
R2_config_s0/0#no shutdown
//开启该端口。
R2_config#int s0/1
```

```
R2_config_s0/1#physical-layer speed 64000
//当 R2 的这一端是 DCE 时,需要配置时钟。
R2_config_s0/1#ip address 192.168.20.1 255.255.255.0
//配置 R2 的接口 IP 地址。
R2_config_s0/1#no shutdown
//开启该端口。
R2_config#ip route 1.1.1.0 255.255.255.0 s0/0
R2_config#ip route 3.3.3.0 255.255.255.0 s0/1
//配置 R2 的静态路由。
```

（3）配置路由器 R3。

```
R3_config#int loopback0
R3_config_lo0#ip address 3.3.3.3 255.255.255.0
//配置 R3 的环回接口 IP 地址。
R3_config#int s0/1
R3_config_s0/1#ip address 192.168.20.2 255.255.255.0
//配置 R3 的接口 IP 地址。
R3_config_s0/1#no shutdown
//开启该端口。
R3_config#ip route 1.1.1.0 255.255.255.0 s0/1
R3_config#ip route 2.2.2.0 255.255.255.0 s0/1
R3_config#ip route 192.168.10.0 255.255.255.0 s0/1
//配置 R3 的静态路由。
```

4. 实验调试

（1）使用 show ip route 查看路由表。

（2）测试路由器之间的连通性。

◆ 2.4　默 认 路 由

默认路由（Default Route）需要管理员人为设置,所以可以把它看作一条特殊的静态路由。默认路由的功能是告诉路由器,当数据包的目的地址不与路由表中的任何路由相匹配时,则按照默认路由发送该数据包。管理员可以使用两条不同的命令配置默认路由:**ip route** 和 **ip default-network**。

使用命令 **ip route** 配置默认路由的语法类似于配置其他静态路由,但网络地址和子网掩码均为 0.0.0.0,配置默认路由的命令语法如表 2-4 所示。

表 2-4　默认路由命令

命　　令	解　　释
全局配置模式	全局配置模式
ip route 0.0.0.0 0.0.0.0 {<interface>|<gateway>} [<preference>]	配置默认路由
no ip route 0.0.0.0 0.0.0.0 {<interface>|<gateway>}	命令的 no 操作为删除默认路由

　　如果使用多条 ip route 0.0.0.0 0.0.0.0 指令,则流量会自动在多条链路上负载均衡。

　　使用命令 **ip default-network** 可以设定多条默认路由。当用 ip default-network 命令设定多条默认路由时,管理距离(AD)最小的成为最终的默认路由。如果有多条路由管理距离(AD)值相等,那么在路由表(show ip route)中靠上的成为默认路由。

　　同时使用 ip default-network 和 ip route 0.0.0.0 0.0.0.0 双方设定默认路由时,如果 ip default-network 设定的网络是直连或者静态的,那么它就成为默认路由;如果 ip default-network 指定的网络是由动态路由信息得来的,则 ip route 0.0.0.0 0.0.0.0 指定的表项成为默认路由。

实验 2-2
视频

<h2 style="text-align:center">实验 2-2：配置默认路由</h2>

1. 实验目的

(1) 掌握默认路由配置命令。

(2) 能够根据需要正确配置默认路由。

2. 实验拓扑

实验拓扑如图 2-2 所示。

图 2-2　默认路由拓扑图

3. 实验步骤

(1) 配置路由器 R1。

```
R1_config#int loopback0
R1_config_lo0#ip address 1.1.1.1 255.255.255.0
//配置 R1 的环回接口 IP 地址。
R1_config#interface s0/0
R1_config_s0/0#ip address 192.168.100.1 255.255.255.0
//配置 R1 的接口 IP 地址。
R1_config_s0/0#no shutdown
R1_config#ip route 0.0.0.0 0.0.0.0 s0/0
//配置 R1 的默认路由。
```

(2) 配置路由器 R2。

```
R2_config#int loopback0
R2_config_lo0#ip address 2.2.2.2 255.255.255.0
//配置 R2 的环回接口 IP 地址。
R2_config#interface s0/0
R2_config_s0/0#physical-layer speed 64000
```

```
//当 R2 的这一端是 DCE 时,需要配置时钟。
R2_config_s0/0#ip address 192.168.100.2 255.255.255.0
//配置 R2 的接口 IP 地址。
R2_config_s0/0#no shutdown
R2_config#int s0/1
R2_config_s0/1#physical-layer speed 64000
//当 R2 的这一端是 DCE 时,需要配置时钟。
R2_config_s0/1#ip address 192.168.200.1 255.255.255.0
//配置 R2 的接口 IP 地址。
R2_config_s0/1#no shutdown
R2_config#ip route 1.1.1.0 255.255.255.0 s0/0
R2_config#ip route 3.3.3.0 255.255.255.0 s0/1
//配置 R2 的静态路由。
```

（3）配置路由器 R3。

```
R3_config#int loopback0
R3_config_lo0#ip address 3.3.3.3 255.255.255.0
//配置 R3 的环回接口 IP 地址。
R3_config#int s0/1
R3_config_s0/1#ip address 192.168.200.2 255.255.255.0
//配置 R3 的接口 IP 地址。
R3_config_s0/1#no shutdown
R3_config#ip route 0.0.0.0 0.0.0.0 s0/1
//配置 R3 的默认路由。
```

4. 实验调试

（1）使用 show ip route 查看路由表。

（2）测试路由器之间的连通性。

（3）和静态路由实验比较 ping 的结果,仔细分析原因。

◆ 2.5　动态路由协议

　　动态路由协议的路由表是通过各种路由协议（如 RIP、BEIGRP、OSPF、IS-IS 和 BGP 等）在路由器之间动态交换路由信息构建而成。动态路由协议的方便之处在于,当网络拓扑结构发生变化时,路由器会自动地相互交换路由信息,生成新的路由表。因此路由器能够自动获知新网络,并在连接失败时找到备用路径。动态路由协议一般包括以下三部分。

　　（1）数据结构:动态路由协议使用路由器内存中的路由表来存储路由相关的信息。

　　（2）算法:动态路由协议使用不同的算法来处理路由相关信息并确定出最优路径,如 RIP 采用贝尔曼-福特算法、OSPF 协议采用最短路径优先算法、BEIGRP 采用扩散更新算法。

　　（3）消息:动态路由协议通过发送或者接收各种消息生成、更新和维护路由表。

　　下面从几方面介绍动态路由协议。

（1）动态路由协议的主要功能。

① 发现远程网络、动态更新路由信息。

② 计算并选择通往目的地的最佳路径,当前路径失败时找出备用路径。

（2）常用的动态路由协议。

① RIP(Routing Information Protocol)：路由信息协议。

② BEIGRP(Basic Enhanced Interior Gateway Routing Protocol)：Basic 增强内部网关路由协议,源于思科的 EIGRP。

③ OSPF(Open Shortest Path First)：开放最短路径优先。

④ IS-IS(Intermediate System-Intermediate System)：中间系统-中间系统。

常用动态路由协议的特点如表 2-5 所示。

表 2-5　常见动态路由协议的特点

特　　点	距离矢量路由协议			链路状态路由协议	
	RIPv1	RIPv2	BEIGRP	OSPF	IS-IS
收敛速度	慢	慢	快	快	快
参考值	跳数	跳数	带宽、延时、负载等	开销	开销
资源利用率	低	低	中	高	高
是否支持 VLSM	否	是	是	是	是
扩展性	弱	弱	强	强	强
操作性	简单	简单	复杂	复杂	复杂

（3）动态路由协议的优点。

① 当网络拓扑发生变化时,网络管理员进行路由配置较少,路由协议可以自动更新路由表。

② 网络配置好之后,管理简单,不易出错。

③ 扩展性好,对于大规模网络非常方便。

（4）动态路由协议的缺点。

① 需要占用更多的硬件资源,如路由器 CPU、内存、带宽等。

② 需要更高水平的网络管理员,特别是对网络进行配置、验证和故障排除时。

（5）有类路由协议和无类路由协议。

有类路由协议和无类路由协议是按照所支持的 IP 地址类别进行划分的。有类路由协议指在路由信息更新过程中不发送子网掩码,RIPv1 属于有类路由协议。无类路由协议指在路由信息更新过程中同时发送网络地址和子网掩码,并且支持 VLSM 和 CIDR 等,RIPv2、OSPF、IS-IS 等属于无类路由协议。

有类路由协议在发送和接收路由更新包时,它将按照以下几种规则来决定路由的网络部分信息。

① 发送路由更新包时,如果路由更新信息中包含的网络地址和接收端口的网络不同,那么路由更新将自动汇总成主类网络。如果路由更新信息中包含的网络地址和接收

端口的网络相同,那么继续检查更新的路由信息中的子网掩码是否与发送接口的子网掩码一致,若一致,则发送更新;若不一致,则忽略更新。

② 接收路由更新包时,如果路由更新信息中包含的网络地址和接收端口的网络相同,那么路由更新将按照其接收端口的子网掩码作为网络掩码。如果路由更新信息中包含的网络号和接收端口的网络不同,那么路由更新将根据 IP 地址类型来确定默认子网掩码。

2.5.1　RIP

路由信息协议(Routing Information Protocol,RIP)是最早的动态路由协议,由施乐(Xerox)公司在 20 世纪 70 年代开发,是应用较早、使用较广泛的内部网关协议(IGP),适用于在小型的自治网络系统(AS)中传递路由信息。

RIP 基于距离矢量算法(Distance Vector Algorithms,DVA),是典型的距离矢量路由协议,它使用"metric"即跳数,来衡量到达目标网络的路由距离。

1. RIP 度量方法

RIP 是一种距离矢量路由协议,也是距离矢量路由协议的典型代表,它使用距离矢量算法来决定最佳路径,即通过路由的跳数来确定最佳路径。具体来讲,就是通过跳数(hop count)来度量路由距离。跳数是一个报文从一个结点到达目的结点所经过的中转次数,即一个数据包到达目标网络所经过的路由器的个数。RIP 生成的路由表中包含路由的目的地址、到达目的地址经过路径的下一跳(next hop)地址以及跳数等信息。下一跳指的是本网报文通过本地的网络结点到达目的地址所要经过的下一个路由器(中转点),到达中转点的过程称为"跳"(hop)。使用 RIP 的路由器,每隔 30s 就会相互发送广播信息,收到广播信息的路由器都会从邻居路由器中学习到新的路由信息,每学习到一条,就增加一个跳数。

RIP 是通过计算抵达目的地址的最少跳数来确定最佳路径的,在 RIP 中,规定了最大跳数为 15。如果从网络的一个源端到另一个目的端的路由跳数超过了 15,那么就被认为产生了循环,此时,该路径被认为是不可达的,将会从路由表中删除。

RIP 的计算方法有一定的局限性。

(1) 如果到达一个目标有两个不同的路径,这两条路径使用不同带宽的路由器,但跳数相同,那么 RIP 仍然认为到达目标网络的两条路径是相同跳数的。RIP 在选择路由时,不考虑链路的连接速度,只通过跳数来衡量路径的长短,广播更新的路由信息,每经过一台路由器,就增加一个跳数。例如,采用千兆以太网(1000Mb/s)连接的链路,可能仅因为比 10Mb/s 以太网链路多出 1 个跳数,RIP 则认为 10Mb/s 链路更优,而实际的网络传输速率并不是这样。

(2) RIP 最多支持的跳数为 15,而对于超过 15 台路由器组成的网络来说,RIP 就无能为力了。

(3) RIP 需要较长时间才能确认一条路由是否失效。RIP 使用时钟来保证它所维持的路由表的有效性与及时性,但是 RIP 至少需要经过 3min 的延迟,才能启动备份路由。这个时间对于大多数应用程序来说,都会出现超时错误,用户也能感觉到系统出现了故障。

2. RIP 路由表更新过程

RIP 通过端口的 UDP(User Datagram Protocol,用户数据报协议)定时发送广播报文来交换路由信息。默认情况下,路由器每隔 30s 向与它相连的网络广播自己的路由表,接到广播的路由器将收到的信息添加至自身的路由表中,更新路由表。网络正常的情况下,每 30s 路由器就可以收到一次来自邻居路由器的路由更新信息。如果经过 180s,一条路由表项始终没有得到更新,那么路由器就认为该表项已经失效,并把它的状态修改为 down。如果经过 240s,该路由表项仍然没有得到更新和确认,那么这条路由表项就会被从路由表中删除。前面的 30s、180s 和 240s,都是由路由器的计时器来控制的,它们分别是更新计时器(Update Timer)、无效计时器(Invalid Timer)和刷新计时器(Flush Timer)。

当 RIP 路由器接收到其他路由器发出的路由更新报文时,一般会出现以下 3 种情况。

(1)如果路由更新报文中的路由条目是新的,那么路由器将该路由条目及通告的路由器地址一起加入自己的路由表中。

(2)如果目的地址路由已在路由表中,且新路由拥有更小的跳数,那么将替换原来存在的路由条目。

(3)如果目的地址路由已在路由表中,但新路由跳数大于或等于路由表中记录的跳数,那么路由器需要判断这条更新是否来自该通告路由器,若是,则该路由更新被接受,同时重置更新计时器;若不是,则这条路由被忽略。

3. RIP 路由协议

在 TCP/IP 发展史上,第一个在网络中使用的动态路由协议就是 RIP,即 RIPv1。随着路由器越来越强大,CPU 更快、内存更大、传输链路更快,又相继开发了更高级的路由协议,如 OSPF(开放最短路径优先)等,同时,也推出了增强 RIP 的标准版本 RIPv2。

RIPv2 在 RIPv1 的基础上增加了一些高级功能,RIPv2 可以将更多的网络信息加入路由表中。RIPv2 版本中每一条路由信息中加入了子网掩码,所以 RIPv2 是无类的路由协议。此外,RIPv2 发送更新报文的方式为组播,组播地址为 224.0.0.9。RIPv2 还支持认证,能够确保路由器学到的路由信息是来自通过安全认证的路由器。

RIPv2 协议默认开启自动汇总功能,因此,如果需要向不同主类网络发送子网信息,需要手工关闭自动汇总功能(no auto-summary)。RIPv2 支持将路由汇总至主网络,无法将不同主类网络汇总,所以不支持 CIDR。

RIPv2 属于内部网关协议,且是距离矢量路由协议,它使用跳数进行度量,有效的路由跳数不能超过 15 跳,管理距离为 120。RIPv2 利用 UDP(520 端口)包向直连的网络邻居发送路由更新,默认路由更新周期为 30s,采用最大跳数、抑制计时器和触发更新等机制避免路由环路。

RIPv2 的特点如表 2-6 所示。

表 2-6　RIPv2 的特点

项	RIPv2
有类/无类路由协议	无类路由协议
是否支持 VLSM	是
是否支持认证	是,支持明文和 MD5 认证
路由更新方式	组播更新
更新路由条数	有认证时,最多 24 条
有没有手工汇总	关闭自动汇总,才可手工汇总
对路由是否标记	是,用于过滤等
是否有"next-hop"属性	有

实验 2-3：RIPv2 基本配置

实验 2-3
视频

1. 实验目的

为了修正 RIPv1 的某些缺陷,重新制定了 RIPv2 路由协议来解决这些问题。启动 RIPv2,并思考为什么这样可以解决问题。

（1）在路由器上启动 RIPv2 路由进程。

（2）启用参与路由协议的接口,并通告网络。

（3）auto-summary 的开启和关闭。

（4）查看和调试 RIPv2 路由协议相关信息。

2. 实验拓扑

实验拓扑如图 2-3 所示。

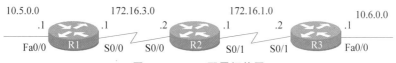

图 2-3　RIPv2 配置拓扑图

3. 实验步骤

首先,配置路由器各端口的 IP 地址,然后再进行路由协议的配置。

（1）配置路由器 R1。

```
R1_config#router rip
//开启 RIP。
R1_config_rip#version 2
//设定 RIP 的版本号。
R1_config_rip#network 10.5.0.0
R1_config_rip#network 172.16.3. 0
//指定运行 RIP 的网段。
R1_config_rip#no auto-summary
//关闭自动路由汇总功能。
```

（2）配置路由器 R2。

```
R2_config#router rip
R2_config_rip#version 2
R2_config_rip#network 172.16.3.0
R2_config_rip#network 172.16.1.0
R2_config_rip#no auto-summary
```

（3）配置路由器 R3。

```
R3_config#router rip
R3_config_rip#version 2
R3_config_rip#network 172.16.1.0
R3_config_rip#network 10.6.0.0
R3_config_rip#no auto-summary
```

4. 实验调试

（1）查看路由器在输入"no auto-summary"命令前后路由表的变化。

（2）使用"show ip rip"查看所有 RIP 实例的详细信息。

（3）测试路由器之间的连通性。

（4）使用"debug ip rip"命令查看结果。

实验 2-4：RIPv2 手工汇总

1. 实验目的

熟练掌握 RIPv2 路由协议的手工路由汇总。

2. 实验拓扑

实验拓扑如图 2-4 所示。

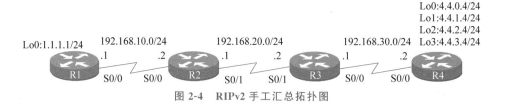

图 2-4　RIPv2 手工汇总拓扑图

3. 实验步骤

（1）配置路由器 R1。

```
R1_config#router rip
R1_config_rip#version 2
R1_config_rip#no auto-summary
R1_config_rip#network 1.0.0.0
R1_config_rip#network 192.168.10.0
```

（2）配置路由器 R2。

```
R2_config#router rip
R2_config_rip#version 2
R2_config_rip#no auto-summary
R2_config_rip#network 192.168.10.0
R2_config_rip#network 192.168.20.0
```

（3）配置路由器 R3。

```
R3_config#router rip
R3_config_rip#version 2
R3_config_rip#no auto-summary
R3_config_rip#network 192.168.20.0
R3_config_rip#network 192.168.30.0
```

（4）配置路由器 R4。

```
R4_config#router rip
R4_config_rip#version 2
R4_config_rip#no auto-summary
R4_config_rip#network 192.168.30.0
R4_config_rip#network 4.0.0.0
R4_config_rip#auto-summary
//开启自动路由汇总功能,观察执行此句前后 R1 的路由表的变化。
```

4. 实验调试

（1）使用"show ip route"查看路由器 R1 执行汇总之前的路由表。

（2）使用"show ip route"查看路由器 R1 执行汇总之后的路由表。

实验 2-5：RIPv2 静态路由重分布以及注入默认路由

1. 实验目的

在一个复杂的网络环境下,一般不会只使用一种路由协议,这就需要解决不同路由协议之间的路由传递问题,也就是路由重分布问题。注入默认路由是一个特殊的路由重分布。

（1）RIPv2 不支持接口下的 CIDR 汇总。

（2）RIPv2 可以传递 CIDR 汇总。

（3）掌握 default-information 命令。

（4）通过模拟器在思科设备上比较命令 default-information 和 ip default network 的执行结果。

2. 实验拓扑

实验拓扑如图 2-5 所示。

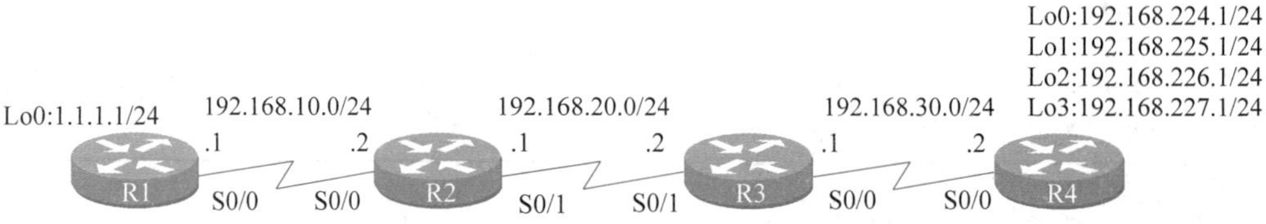

图 2-5　**RIPv2 静态路由重分布以及注入默认路由拓扑图**

3. 实验步骤

(1) 配置路由器 R4。

```
R4_config#router rip
R4_config_rip#network 192.168.224.0
R4_config_rip#network 192.168.225.0
R4_config_rip#network 192.168.226.0
R4_config_rip#network 192.168.227.0
R4_config_rip#no auto-summary
//查看路由表信息。
```

(2) 静态路由重分布。

```
R4_config#ip route 1.1.1.0 255.255.255.0 s0/0
//配置一条静态路由。
R4_config#router rip
//将静态路由重分布到 RIP 中。
R4_config_rip#redistribute connected
//只重分布直连路由。查看之前把中间位置路由器的两侧接口重启,更新。
R4_config_rip#redistribute connected
R4_config_rip#no network 192.168.224.0
R4_config_rip#no network 192.168.225.0
R4_config_rip#no network 192.168.226.0
R4_config_rip#no network 192.168.227.0
//那些被 redistribute 命令影响的 connected 路由是那些没有用 network 命令指定的
//路由。
```

(3) 重分布静态路由。

```
R4_config_rip#redistribute static
//查看中间路由器的路由表是否有变化。
```

(4) 配置路由器 R2 和 R3,同实验 2-4。

(5) 通过 default-information 向网络中注入一条默认路由。

```
R1_config#ip route 0.0.0.0 0.0.0.0 loopback0
//配置一条默认路由。
R1_config#router rip
R1_config_rip#version 2
R1_config_rip#no auto-summary
R1_config_rip#network 192.168.10.0
```

```
R1_config_rip#network 1.0.0.0
R1_config_rip#default-information originate
//在 R4 上查看路由表的变化。
```

4. 实验调试

（1）使用"show ip route"查看执行步骤（3）之后 R2 的路由表。

（2）使用"show ip route"查看执行步骤（4）之后 R2 的路由表。

（3）使用"show ip route"查看执行步骤（5）之后 R2 的路由表。

注意事项：在 RIP 中，可以用"default-information originate"来通告默认路由。

实验 2-6：RIPv2 认证

1. 实验目的

路由传递的过程中，需要确保传递的是真正正确的路由。如果路由传递过程中没有任何保护，那么攻击者就可以伪造路由导致路由表混乱，从而攻击网络。路由认证类似于上网认证，确保只有具备相关权限的、相互信任的设备才能传递路由。

（1）RIPv2 明文认证的配置。

（2）RIPv2 MD5 认证的配置。

（3）RIPv2 认证的调试。

2. 实验拓扑

实验拓扑如图 2-6 所示。

图 2-6　RIPv2 认证配置拓扑图

3. 实验步骤

（1）配置路由器 R1。

```
R1_config#interface s0/0
//在相应的接口上配置认证。
R1_config_s0/0#ip rip authentication simple
//启用认证,simple 代表认证模式为明文,还可以选择 md5 代表 MD5 密文认证,或者选择
//dynamic 代表动态认证。
R1_config_s0/0#ip rip password bjut
//激活对 RIPv2 包的认证,指定在该接口上使用的明文认证密钥为 bjut。
```

（2）配置路由器 R2。

```
R2_config#interface s0/0
R2_config_s0/0#ip rip authentication simple
R2_config_s0/0#ip rip password bjut
R2_config#interface s0/1
R2_config_s0/1#ip rip authentication md5
```

```
//启用认证,认证模式为 MD5 密文认证。
R2_config_s0/1#ip rip md5-key 1 md5 shenma
//激活对 RIPv2 包的认证,指定在该接口上使用的 MD5 密文认证密钥为 shenma。
```

（3）配置路由器 R3。

```
R3_config#interface s0/0
R3_config_s0/0#ip rip authentication simple
R3_config_s0/0#ip rip password bjut
R3_config_s0/1#interface s0/1
R3_config_s0/1#ip rip authentication md5
R3_config_s0/1#ip rip md5-key 1 md5 shenma
```

（4）配置路由器 R4。

```
R4_config#interface s0/0
R4_config_s0/0#ip rip authentication simple
R4_config_s0/0#ip rip password bjut
```

4. 实验调试

（1）测试路由器之间的连通性。

（2）可以先配置 R1 和 R3,当需要做认证时路由表将发生变化,当继续配置好 R2 和 R4 后,查看路由表又会发生什么变化。

（3）执行"debug ip rip"命令检查接口认证信息。

实验 2-7: RIPv1 和 RIPv2 的混合配置

1. 实验目的

掌握在同一网络中混合使用 RIPv1 和 RIPv2,用兼容的方式保证网络的正常通信。

2. 实验拓扑

实验拓扑如图 2-7 所示。

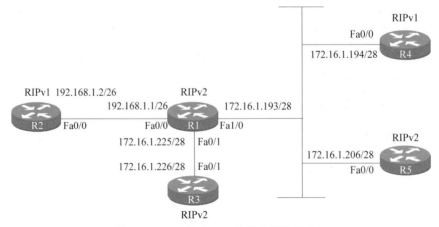

图 2-7　RIPv1 和 RIPv2 的混合配置拓扑图

3. 实验步骤

（1）配置路由器 R1。

```
R1_config#interface f0/0
R1_config_f0/0#ip address 192.168.1.1 255.255.255.192
R1_config_f0/0#ip rip send version 1
//指定接口允许发送 RIPv1 的包。
R1_config_f0/0#ip rip receive version 1
//指定接口允许接收 RIPv1 的包。
R1_config_f0/0#exit
R1_config#interface f1/0
R1_config_f1/0#ip address 172.16.1.193 255.255.255.240
R1_config_f1/0#ip rip send version 1 2
//指定接口允许发送 RIPv1 和 RIPv2 的包。
R1_config_f1/0#ip rip receive version 1 2
//指定接口允许接收 RIPv1 和 RIPv2 的包。
R1_config_f1/0#exit
R1_config#interface f0/1
R1_config_f0/1#ip address 172.16.1.225 255.255.255.240
R1_config_f0/1#exit
R1_config#router rip
R1_config_rip#version 2
//启动 RIPv2 协议。
R1_config_rip#network 172.16.0.0
R1_config_rip#network 192.168.1.0
```

（2）配置路由器 R2。

```
R2_config#interface f0/0
R2_config_f0/0#ip address 192.168.1.2 255.255.255.192
R2_config_f0/0#exit
R2_config#router rip
R2_config_rip#network 192.168.1.0
```

（3）配置路由器 R3。

```
R3_config#interface f0/1
R3_config_f0/1#ip address 192.168.1.226 255.255.255.192
R3_config_f0/1#exit
R3_config#router rip
R3_config_rip#version 2
//启动 RIPv2 协议。
R3_config_rip#network 172.16.1.224
```

（4）配置路由器 R4。

```
R4_config#interface f0/0
R4_config_f0/0#ip address 172.16.1.194 255.255.255.192
R4_config_f0/0#exit
R4_config#router rip
R4_config_rip#network 172.16.1.192
```

（5）配置路由器 R5。

```
R5_config#interface f0/0
R5_config_f0/0#ip address 172.16.1.206 255.255.255.192
R5_config_f0/0#ip rip receive version 1 2
//指定接口允许接收 RIPv1 和 RIPv2 的包。
R5_config_f0/0#exit
R5_config#router rip
R5_config_rip#version 2
//启动 RIPv2 协议。
R5_config_rip#network 172.16.1.192
```

4. 实验调试

（1）测试路由器之间的连通性。

（2）查看各路由器的路由表信息。

实验 2-8：RIPng 基本配置

RIPng 又被称为下一代路由选择信息协议，是专为 IPv6 协议开发的。支持 IPv6 的 RIPng 协议虽然是基于 RIPv2 协议的，但它并不是 RIPv2 的简单扩展，它实际上是一个完全独立的协议。RIPng 协议不支持 IPv4，因此如果同时在 IPv4 和 IPv6 环境里使用 RIP 作为路由协议，就必须同时运行支持 IPv4 的 RIPv1 或 RIPv2，以及支持 IPv6 的 RIPng。

1. 实验目的

（1）在路由器上开启 IPv6 单播路由转发。

（2）在接口下启动 RIPng 路由进程。

（3）查看和调试 RIPng 路由协议相关信息。

2. 实验拓扑

实验拓扑如图 2-8 所示。

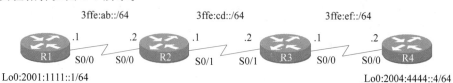

图 2-8　RIPng 配置拓扑图

3.实验步骤

（1）配置路由器 R1。

```
R1_config#ipv6 unicast-routing
//开启单播路由协议。
R1_config#int loopback0
R1_config_lo0#ipv6 address 2001:1111::1/64
//配置回环 IPv6 地址。
R1_config#int s0/0
R1_config_s0/0#ipv6 address 3ffe:ab::1/64
//配置端口 IPv6 地址。
R1_config_s0/0#ipv6 rip mountain enable
//在端口上 enable 某个 RIPng 实例,mountain 为进程实例的名称。
```

（2）配置路由器 R2。

```
R2_config#ipv6 unicast-routing
R2_config#int s0/0
R2_config_s0/0#ipv6 address 3ffe:ab::2/64
R2_config_s0/0#ipv6 rip mountain enable
R2_config#int s0/1
R2_config_s0/1#ipv6 address 3ffe:cd::1/64
R2_config_s0/1#ipv6 rip mountain enable
```

（3）配置路由器 R3。

```
R3_config#ipv6 unicast-routing
R3_config#int s0/1
R3_config_s0/1#ipv6 address 3ffe:cd::2/64
R3_config_s0/1#ipv6 rip mountain enable
R3_config#int s0/0
R3_config_s0/0#ipv6 address 3ffe:ef::1/64
R3_config_s0/0#ipv6 rip mountain enable
```

（4）配置路由器 R4。

```
R4_config#ipv6 unicast-routing
R4_config#int s0/0
R4_config_s0/0#ipv6 address 3ffe:ef::2/64
R4_config_s0/0#ipv6 rip mountain enable
R4_config#int loopback0
R4_config_lo0#ipv6 address 2004:4444::4/64
```

4.实验调试

（1）使用"show ipv6 rip interface"查看某个端口下的 RIPng 配置信息。

（2）使用"show ipv6 rip"查看路由器 RIPng 的详细信息。

（3）测试路由器之间的连通性。

（4）使用"debug ipv6 rip"命令动态查看 RIPng 的更新。

2.5.2 BEIGRP

EIGRP(Enhanced Interior Gateway Routing Protocol,增强型内部网关路由协议)是 CIsco 公司的私有协议,只能在思科路由器上运行,但是在 2013 年 3 月思科公司进行了协议开放,并形成了一系列文档(draft-savage-eigrp-00),开放部分为基础的 EIGRP,也称为 Basic EIGRP,简称 BEIGRP。

EIGRP 的主要特点有以下几方面。

（1）EIGRP 通告路由信息时携带掩码,所以支持 VLSM、无类路由和不连续子网。

（2）使用扩散更新算法(DUAL),不产生路由环路,不使用抑制计时器。

（3）主要依据链路状态选择到达目标的最佳路径。

（4）协议相关模块(Protocol Dependent Modules,PDM),支持不同网络层协议,如 IP、IPX 和 Appletalk。

（5）适合大型、多协议网络环境。

（6）不采用定期发送路由更新的方法,使用增量更新机制,提高了带宽的利用率。

（7）路由器建立邻接关系,除了维护路由表,还要维护邻居表和拓扑表。

（8）路由器可能有到达目的地的备份路由,当主路由不可用时,它能很快切换到备份路由,所以收敛快。

（9）使用可靠传输协议(Reliable Transport Protocol,RTP),保证路由信息传输的可靠性。

（10）既可以自动路由汇总也可以手工路由汇总。

BEIGRP 将进程 ID 称为自治系统 ID,但是它实际上起进程 ID 的作用,取值范围为 1~65 535。BEIGRP 路由域内的所有路由器都必须使用相同的进程 ID。一台路由器可以启动多个 BEIGRP 进程。

实验 2-9：配置 BEIGRP

1. 实验目的

在实际生活中,由于路径很复杂,纵横交错,在这么多条路径中行走时,如果没有一个好的地图,往往会迷路,例如,在某些地方转圈,这在路由选择中称为环路,数据包在环路中将永远送不到目的地。特别是静态路由配置,如果设备太多、太复杂,往往会出现这些问题。通过动态路由协议,可以避免这个问题。BEIGRP 比 RIP 更高级,它能够选择更优的路径,从而优化网络。

（1）在路由器上启动 BEIGRP 路由进程。

（2）启动参与路由协议的接口,并且通告网络。

（3）了解 BEIGRP 度量值的计算方法。

（4）了解可行距离、通告距离以及可行性条件。

（5）了解邻居表、拓扑表以及路由表的含义。

（6）查看和调试 BEIGRP 相关信息。

2. 实验拓扑

实验拓扑如图 2-9 所示。

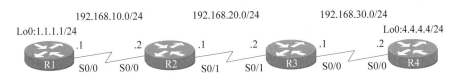

图 2-9　BEIGRP 基本配置实验拓扑图

3. 实验步骤

（1）配置路由器 R1。

```
R1_config#router beigrp 1
//开启 BEIGRP,增加一个 BEIGRP 路由进程。其中,1 为自治系统号,用于区别不同的 BEIGRP
//进程。
R1_config_beigrp_1#no auto-summary
//关闭自动汇总路由功能,默认情况下 BEIGRP 是进行自动汇总的。
R1_config_beigrp_1#network 1.1.1.0
R1_config_beigrp_1#network 192.168.10.0
//指定运行 BEIGRP 的网段。
```

（2）配置路由器 R2。

```
R2_config#router beigrp 1
R2_config_beigrp_1#no auto-summary
R2_config_beigrp_1#network 192.168.10.0
R2_config_beigrp_1#network 192.168.20.0
```

（3）配置路由器 R3。

```
R3_config#router beigrp 1
R3_config_beigrp_1#no auto-summary
R3_config_beigrp_1#network 192.168.20.0
R3_config_beigrp_1#network 192.168.30.0
```

（4）配置路由器 R4。

```
R4_config#router beigrp 1
R4_config_beigrp_1#no auto-summary
R4_config_beigrp_1#network 192.168.30.0
R4_config_beigrp_1#network 4.4.4.0
```

4. 实验调试

(1) 使用"show ip route"查看路由表。

(2) 使用"show ip beigrp protocol"查看路由器的详细信息。

(3) 使用"show ip beigrp neighbors"查看邻居信息。

(4) 使用"show ip beigrp topology"查看拓扑结构数据库中状态。

(5) 测试路由器之间的连通性。

实验 2-10：BEIGRP 路由汇总

BEIGRP 在汇总一组路由时,始终会创建一条指向 Null0 接口的路由。Null0 接口是一个伪接口,不需要使用任何命令来创建或配置空接口,也不能被封装。它始终为开启状态,但不会转发或接收任何流量。对于所有发到空接口的流量都被它丢弃。Null0 接口的主要作用是防止路由环路。

1. 实验目的

(1) 了解路由汇总的目的。

(2) 学习 BEIGRP 自动汇总。

(3) 学习 BEIGRP 手工汇总。

(4) 学习指向 null0 路由的含义。

(5) 学习支持 CIDR 汇总。

2. 实验拓扑

实验拓扑如图 2-10 所示。

图 2-10 BEIGRP 手工汇总实验拓扑图

3. 实验步骤

(1) 配置路由器 R1。

```
R1_config#router beigrp 1
R1_config_beigrp_1#no auto-summary
R1_config_beigrp_1#network 1.1.1.0
R1_config_beigrp_1#network 192.168.10.0
```

(2) 配置路由器 R2。

```
R2_config#router beigrp 1
R2_config_beigrp_1#no auto-summary
R2_config_beigrp_1#network 192.168.10.0
R2_config_beigrp_1#network 192.168.20.0
```

（3）配置路由器 R3。

```
R3_config#router beigrp 1
R3_config_beigrp_1#no auto-summary
R3_config_beigrp_1#network 192.168.20.0
R3_config_beigrp_1#network 192.168.30.0
```

（4）配置路由器 R4。

```
R4_config#router beigrp 1
R4_config_beigrp_1#no auto-summary
R4_config_beigrp_1#network 192.168.30.0
R4_config_beigrp_1#network 4.0.0.0
R4_config#interface s0/0
R4_config_s0/0#ip beigrp summary-address 4.4.0.0 255.255.252.0
```

（5）把路由器 R4 的环回接口 lo0～lo4 的地址改为 192.168.224.1/24、192.168.225.1/24、192.168.226.1/24、192.168.227.1/24。

```
R4_config#router beigrp 1
R4_config_beigrp_1#network 192.168.224.0 255.255.252.0
R4_config#interface s0/0
R4_config_s0/0#ip beigrp summary-address 192.168.224.0 255.255.252.0
//只做 CIDR 汇总。
```

4. 实验调试

（1）使用"show ip route"查看路由器 R3 在 R4 执行汇总之前的路由表。

（2）使用"show ip route"查看路由器 R3 在 R4 执行汇总之后的路由表。

（3）查看在路由器 R4 的 s0/0 接口执行手工汇总后，会在自己的路由表中生成一条指向"Null0"的 BEIGRP 路由，说明原因。

（4）使用"show ip route"查看步骤（5）执行后 R3 和 R4 的路由表。

实验 2-11：BEIGRP 负载均衡配置

1. 实验目的

到达某一个目的地往往有多条路径，如果只走一条路径，其他的路径就没有被利用起来，从而造成资源浪费，这就引入了路由负载均衡。

掌握 BEIGRP 等价负载均衡。

2. 实验拓扑

实验拓扑如图 2-11 所示。

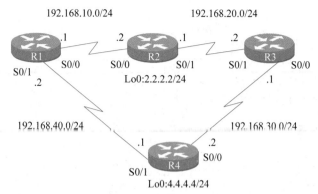

图 2-11　BEIGRP 负载均衡实验拓扑图

3. 实验步骤

（1）配置路由器 R1。

```
R1_config#router beigrp 1
R1_config_beigrp_1#no auto-summary
R1_config_beigrp_1#network 192.168.10.0
R1_config_beigrp_1#network 192.168.40.0
```

（2）配置路由器 R2。

```
R2_config#router beigrp 1
R2_config_beigrp_1#no auto-summary
R2_config_beigrp_1#network 192.168.10.0
R2_config_beigrp_1#network 192.168.20.0
R2_config_beigrp_1#network 2.2.2.0 255.255.255.0
```

（3）配置路由器 R3。

```
R3_config#router beigrp 1
R3_config_beigrp_1#no auto-summary
R3_config_beigrp_1#network 192.168.20.0
R3_config_beigrp_1#network 192.168.30.0
```

（4）配置路由器 R4。

```
R4_config#router beigrp 1
R4_config_beigrp_1#no auto-summary
R4_config_beigrp_1#network 4.4.4.0 255.255.255.0
R4_config_beigrp_1#network 192.168.30.0
R4_config_beigrp_1#network 192.168.40.0
```

4. 实验调试

（1）使用"show ip route"查看 R4 的路由表。

（2）使用"show ip beigrp topology"查看 R4 的拓扑表。

2.5.3　OSPF

RIP 比较适用于小规模的网络,但是随着网络范围的扩大,就需要 OSPF(Open Shortest Path First,开放最短路径优先)协议来解决了。OSPF 协议是 IETF 组织开发的一种基于链路状态的动态路由协议,它通过在网络中收集和传递自治系统的链路状态,动态发现并传播路由。

1. OSPF 相关的术语

（1）链路(Link):指路由器上的一个接口。

（2）链路状态(Link State):用来描述路由器接口及其与邻居路由器的关系,链路状态信息包含接口的 IP 地址、子网掩码、网络类型、链路开销以及链路上相邻路由器的信息。

（3）链路状态通告(Link-State Advertisement,LSA):用来描述路由器和链路的状态,链路状态通告中包含路由器接口的状态及其邻接状态。

（4）链路状态更新(Link-State Update,LSU):链路状态更新中一般包含一个或多个 LSA。

（5）最短路径优先(Shortest Path First,SPF)算法:SPF 算法也叫 Dijkstra 算法,OSPF 协议主要利用 SPF 算法来计算到达目标网络的最佳路径。

（6）路由器 ID:运行 OSPF 协议路由器的唯一标识,ID 的格式和 IP 地址相同,长度为 32b。

（7）指定路由器(Designated Router,DR):OSPF 要求在多路访问的网络中选举一个 DR,每个路由器都与 DR 建立邻接关系。因为路由器之间两两建立邻接关系,将浪费大量开销。

（8）备份指定路由器(Backup Designated Router,BDR):选举 DR 的同时也会选举出一个 BDR,BDR 在 DR 失效时起到备份作用。

2. OSPF 报文类型

OSPF 报文包括以下五种类型。

（1）Hello 报文:主要用于与其他 OSPF 路由器建立邻居关系,只有 Hello 报文中的多个参数协商成功,才能形成 OSPF 邻里关系。

（2）DD(Database Description,数据库描述)报文:收到该报文的路由器使用该数据包与其本地链路状态数据库进行对比。在同一区域内的所有链路状态路由器的 LSDB(链路状态数据库)保持一致,才能构建准确的 SPF 树。

（3）LSR(Link State Request Packet)报文:交换过 DD 报文后,如果路由器检测到链路状态数据库有不一致或过时的 LSA,那么路由器可向邻居发送 LSR 报文请求一些新的数据库描述包,以达到 LSA 同步。

（4）LSU(Link State Update Packet)报文:用于对链路状态请求包响应,或者向其他路由器发送它所需要的 LSA,实现 LSA 的洪泛。LSU 报文中主要是 LSA 的集合。

（5）LSAck(Link State Acknowledgment Packet)报文:路由器接收到 LSA 后,必须

用链路状态确认包给予明确确认应答。一个 LSAck 报文可以对多个 LSA 进行确认。

OSPF 报文可以直接封装为 IP 数据包协议报文,协议字段被设为 89,目的地址则被设为组播地址(224.0.0.5 或 224.0.0.6)或者单播地址。

3. OSPF 运行过程

OSPF 的运行过程有如下五个步骤。

(1) 建立邻居关系。

路由器首先发送拥有自身路由器 ID 信息的 Hello 数据包,与之相邻的路由器如果收到该 Hello 数据包,就将该数据包内的路由器 ID 信息加入自己的 Hello 数据包内的邻居列表中。

注意:如果路由器的某接口收到了含有自身路由器 ID 信息的 Hello 数据包,那么它将根据该接口所在的网络类型确定是否建立邻接关系。若在点对点网络中,路由器则直接和对端路由器建立邻居关系;若为多路访问网络,路由器则进行 DR 选举,进入 Two-way 状态。

(2) 选举 DR/BDR。

DR 选举主要利用 Hello 数据包内的路由器 ID 和优先级(Priority)字段值来确定,优先级最高的路由器将成为 DR,优先级值次高的路由器将成为 BDR。若优先级相同,则路由器 ID 最高的路由器成为 DR。

(3) 建立邻接(Full Adjacency)关系。

路由器之间首先利用 Hello 数据包中的路由器 ID 信息确认主从关系,然后相互交换链路状态信息摘要,接着路由器对摘要信息进行分析比较,如果有新的信息,路由器将要求对方发送完整的链路状态信息。之后,路由器之间建立完全邻接关系。

(4) 选择适当的路由。

当路由器拥有完整的链路状态数据库后,OSPF 协议将使用 SPF 算法计算出到每一个目的网络的最优路径,并存入路由表中。

(5) 路由信息更新。

当链路状态发生变化时,OSPF 通过泛洪通告给网络上的其他路由器。OSPF 路由器接收到包含新信息的链路状态更新数据包后,将重新计算路由表。当链路状态一直没有发生改变,OSPF 协议也会自动更新路由信息,默认时间为 30min。

4. OSPF 区域类型

OSPF 区域类型划分如下。

(1) 主干区域:高速传输数据的区域,是连接各个区域的中心实体。其他区域都要连接到该区域进行路由信息的交换。主干区域也称区域 0(Area 0)。

(2) 标准区域:正常传输数据的区域,主要接收链路更新信息、相同区域的路由信息、区域间路由信息以及外部 AS 的路由信息。通常与区域 0 相连。

(3) 末节区域(Stub Area):禁止外部 AS 的路由信息进入。

(4) 完全末节区域(Totally Stubby Area):禁止外部 AS 的路由信息和 AS 内其他区域的路由汇总信息进入。

(5) 次末节区域(Not-So-Stubby Area,NSSA):禁止非直连的外部 AS 信息进入。

5. OSPF 的版本

OSPF 主要有 OSPFv2 和 OSPFv3 两个版本。OSPFv2 通过 IPv4 网络层运行,通告 IPv4 路由,OSPFv3 通过 IPv6 网络层运行,通告 IPv6 前缀。它们在路由器上均独立运行,各自维护自己的邻居表、拓扑表和路由表。

OSPF 的主要特点如下。

(1) 收敛速度快,适应规模较大的网络。

(2) 是无类别的路由协议,支持不连续子网、VLSM 和 CIDR 以及手工路由汇总。

(3) 采用组播方式(224.0.0.5 或 224.0.0.6)更新,支持等价负载均衡。

(4) 支持简单口令和 MD5 验证。

(5) 支持区域划分,使得 SPF 的计算频率更低。

(6) 采用触发更新,无路由环路。

(7) 管理距离为 110,以路径开销值(Cost)作为最佳路径的度量标准。

(8) OSPF 协议维护邻居表(邻接数据库)、拓扑表(链路状态数据库)和路由表(转发数据库)。每隔 30min 对链路状态刷新一次。只增量更新链路状态数据库。

OSPFv2 和 OSPEv3 的不同之处如表 2-7 所示。

表 2-7　OSPFv2 和 OSPFv3 的不同

对 比 项	OSPFv2	OSPFv3
源地址	接口 IPv4 地址	接口 IPv6 链路本地地址
目的地址	邻居接口 IPv4 地址 组播 224.0.0.5 或 224.0.0.6 地址	邻居 IPv6 链路本地地址 组播 FF02::5 或 FF02::6 地址
通告网络	IPv4 网络	IPv6 网络
同一链路上运行多个实例	不支持	支持,通过 Instance ID 字段实现
唯一标识邻居	取决于网络类型	通过 Router ID 实现
验证	简单口令或 MD5	使用 IPv6 提供的安全机制来保证自身数据包的安全性
包头长度	包头长度为 24B	包头长度为 16B
LSA	LSA 1~7 类	增加了链路 LSA(类型 8)和 LSA(类型 9)

实验 2-12:点到点链路上的 OSPF

实验 2-12
视频

1. 实验目的

OSPF 对于不同链路的实现过程是有差别的,点到点的链路 OSPF 过程相对比较简单。

(1) 在路由器上启动 OSPF 路由进程。

(2) 启用参与路由协议的接口,并且通告网络及所在的区域。

(3) 度量值 COST 的计算。

(4) Hello 相关参数的配置。

（5）点到点链路上的 OSPF 的特征。

（6）查看和调试 OSPF 路由协议相关信息。

2. 实验拓扑

实验拓扑如图 2-12 所示。

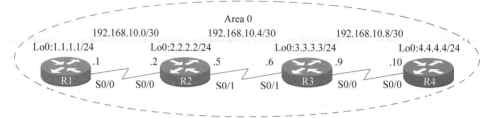

图 2-12　点到点链路上的 OSPF 拓扑图

3. 实验步骤

（1）配置路由器 R1。

```
R1_config#router ospf 1
//启动 OSPF 进程,1 代表 OSPF 进程号。
R1_config_ospf_1#router-id 1.1.1.1
//为 OSPF 进程指定 router-id
R1_config_ospf_1#network 1.1.1.0 255.255.255.0 area 0
//定义网络 1.1.1.0 255.255.255.0 加入到区域 0 中。
R1_config_ospf_1#network 192.168.10.0 255.255.255.252 area 0
```

（2）配置路由器 R2。

```
R2_config#router ospf 1
R2_config_ospf_1#router-id 2.2.2.2
R2_config_ospf_1#network 192.168.10.0 255.255.255.252 area 0
R2_config_ospf_1#network 192.168.10.4 255.255.255.252 area 0
R2_config_ospf_1#network 2.2.2.0 255.255.255.0 area 0
```

（3）配置路由器 R3。

```
R3_config#router ospf 1
R3_config_ospf_1#router-id 3.3.3.3
R3_config_ospf_1#network 192.168.10.4 255.255.255.252 area 0
R3_config_ospf_1#network 192.168.10.8 255.255.255.252 area 0
R3_config_ospf_1#network 3.3.3.0 255.255.255.0 area 0
```

（4）配置路由器 R4。

```
R4_config#router ospf 1
R4_config_ospf_1#router-id 4.4.4.4
R4_config_ospf_1#network 192.168.10.8 255.255.255.252 area 0
R4_config_ospf_1#network 4.4.4.0 255.255.255.0 area 0
```

4. 技术要点

（1）OSPF 路由进程 ID 的范围为 1～65 535，只有本地含义，不同路由器的路由进程 ID 可以不同。同一台路由器上可以配置多个 OSPF 进程。如果想要启动 OSPF 路由进程，至少确保有一个接口是 up 的。

（2）区域 ID 是范围为 0～4 294 967 295 的十进制数，也可以是 IP 地址的格式 A.B. C.D，当网络区域 ID 为 0 或 0.0.0.0 时称为主干区域。

（3）在高版本的 IOS 中通告 OSPF 网络时，网络号的后面要跟网络掩码。

（4）OSPF 路由器 ID 用于唯一标识 OSPF 路由域内的每台路由器。一个路由器 ID 其实就是一个 IP 地址。确定路由 ID 的顺序是：

① 优先在 OSPF 进程中用命令"router-id"指定路由器的 ID。

② 如果没有在 OSPF 路由进程中指定路由器 ID，那么选择 IP 地址最大的环回接口的 IP 地址作为路由器的 ID。

③ 如果没有环回接口，就选择最大活动的物理接口的 IP 为路由器 ID。

5. 实验调试

（1）使用"show ip route"查看路由表。

（2）使用"show ip ospf"查看 IP 路由器的详细信息。

（3）测试路由器之间的连通性。

实验 2-13：广播多路访问链路上 OSPF 基本配置

实验 2-13
视频

1. 实验目的

与点到点链路进行比较，只有在广播环境下，运行 OSPF 的路由器才进行 DR/BDR 选举。

（1）在路由器上启动 OSPF 路由进程。

（2）启用参与路由协议的接口，并且通告网络及所在的区域。

（3）修改参考带宽。

（4）DR 选举的控制。

（5）广播多路访问链路上的 OSPF 的特征。

2. 实验拓扑

本实验拓扑如图 2-13 所示。

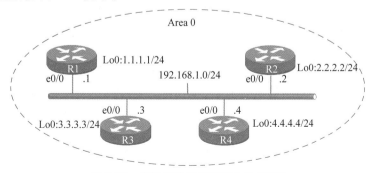

图 2-13　广播多路访问链路上的 OSPF

3. 实验步骤

注意：本实验需要在所有路由器和交换机接口的带宽都一样的情况下进行。

```
R1_config_s0/1#ip ospf cost
...
```

（1）配置路由器 R1。

```
R1_config#router ospf 1
R1_config_ospf_1#router-id 1.1.1.1
R1_config_ospf_1#network 1.1.1.0 255.255.255.0 area 0
R1_config_ospf_1#network 192.168.1.0 255.255.255.0 area 0
```

（2）配置路由器 R2。

```
R2_config#router ospf 1
R2_config_ospf_1#router-id 2.2.2.2
R2_config_ospf_1#network 192.168.1.0 255.255.255.0 area 0
R2_config_ospf_1#network 2.2.2.0 255.255.255.0 area 0
```

（3）配置路由器 R3。

```
R3_config#router ospf 1
R3_config_ospf_1#router-id 3.3.3.3
R3_config_ospf_1#network 192.168.1.0 255.255.255.0 area 0
R3_config_ospf_1#network 3.3.3.0 255.255.255.0 area 0
```

（4）配置路由器 R4。

```
R4_config#router ospf 1
R4_config_ospf_1#router-id 4.4.4.4
R4_config_ospf_1#network 192.168.1.0 255.255.255.0 area 0
R4_config_ospf_1#network 4.4.4.0 255.255.255.0 area 0
```

4. 技术要点

（1）在多路访问网络中，DROTHER 路由器与 DR 和 BDR 建立邻接关系，DROTHER 路由器之间只建立邻居关系。

（2）DR 和 BDR 选举是一个路由器的接口特性，而不是整个路由器的特性。也就是说，一台路由器可以是某个网络的 DR，也可以是另外网络的 BDR。

（3）DR 和 BDR 的选举过程遵循以下规则。

① DR：具有最高 OSPF 接口优先级的路由器。

② BDR：具有第二高 OSPF 接口优先级的路由器。

③ 默认的 OSPF 接口优先级为 1。如果 OSPF 接口优先级相等，则取路由器 ID 最高者为 DR，次高者为 BDR。

④ OSPF 接口优先级为 0 的路由器不参加 DR 和 BDR 的选举。

⑤ 当 DR 和 BDR 选举完成后,就算有优先级更高的路由器加入网络中也不会重新选举。当 DR 和 BDR 同时出现故障时才会重新选举 DR 和 BDR。如果只是 DR 出现故障,BDR 将成为 DR,BDR 重新选举。如果只是 BDR 出现故障,则选举新的 BDR。

⑥ 如果网络上只有唯一的一台具有选举资格的路由器,那么这台路由器将成为 DR 路由器,而且在这个网络上没有 BDR 路由器。其他所有的路由器都将只和这台 DR 路由器建立邻接关系。如果没有具有选举资格的路由器,那么这个网络上将没有 DR 或者 BDR 路由器,而且也不建立任何邻接关系。

5. 实验调试

(1) 使用"show ip route"查看路由表。

(2) 使用"show ip ospf"查看 IP 路由器的详细信息。

(3) 测试路由器之间的连通性。

实验 2-14:OSPF 注入默认路由

1. 实验目的

通过命令"default-information originate"向 OSPF 网络注入一条默认路由。

2. 实验拓扑

实验拓扑如图 2-14 所示。

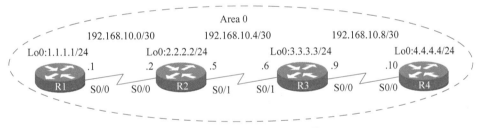

图 2-14　OSPF 注入默认路由拓扑图

3. 实验步骤

(1) 配置路由器 R1。

```
R1_config#interface loopback0
R1_config_lo0#ip address 1.1.1.1 255.255.255.0
R1_config#ip route 0.0.0.0 0.0.0.0 loopback0
//配置默认路由,边界指定路由。
R1_config_ospf_1#router-id 1.1.1.1
R1_config_ospf_1#network 1.1.1.0 255.255.255.0 area 0
R1_config_ospf_1#network 192.168.10.0 255.255.255.252 area 0
R1_config_ospf_1#default-information originate(always)
//引入默认路由到 OSPF 路由域。always 一般用在点对多点环境下,OSPF 的 stub 区域。目
//前环境是点对点环境,因此不支持。
```

(2) 路由器 R2、R3 和 R4 的配置同实验 2-12。

4. 实验调试

使用"show ip route"查看 R4 路由表。

实验 2-15：OSPF 认证

1. 实验目的

同样为了安全考虑，OSPF 也支持多种认证方式，比 BEIGRP 更强大。

（1）基于区域的 OSPF MD5 认证。

（2）OSPF 认证的调试。

（3）在 PT 环境下，掌握思科设备的配置过程。

2. 实验拓扑

实验拓扑如图 2-15 所示。

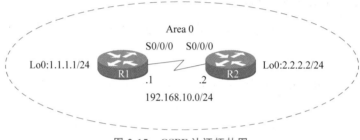

图 2-15　OSPF 认证拓扑图

3. 实验步骤

（1）配置路由器 R1。

```
R1_config#router ospf 1
R1_config_ospf_1#router-id 1.1.1.1
R1_config_ospf_1#network 192.168.10.0 255.255.255.0 area 0
R1_config_ospf_1#network 1.1.1.0 255.255.255.0 area 0
R1_config_ospf_1#area 0 authentication message-digest
//对区域 0 开启认证,message-digest 为可选项,表示对认证信息采用 MD5 进行验证。如
//果选择 simple,则表示对认证信息采用明文进行验证。
R1_config#interface s0/0
R1_config_s0/0#ip ospf message-digest-key 1 md5 bjut
//设置 MD5 认证的 key-id 和密钥。
```

（2）配置路由器 R2。

```
R2_config#router ospf 1
R2_config_ospf_1#router-id 2.2.2.2
R2_config_ospf_1#network 2.2.2.0 255.255.255.0 area 0
R2_config_ospf_1#network 192.168.10.0 255.255.255.0 area 0
R2_config_ospf_1#area 0 authentication message-digest
R2_config#interface s0/0
R2_config_s0/0#ip ospf message-digest-key 1 md5 bjut
```

4. 实验调试

（1）测试路由器之间的连通性。

（2）执行"debug ip ospf packet"命令检查接口认证信息。测试当把密码改错时，是否出现信息"ERROR：Event22"。

实验 2-16：OSPFv3 的基本配置

1. 实验目的

OSPFv3 是 OSPF 在 IPv6 协议下的版本，随着 IPv6 的使用，熟练掌握 OSPFv3 路由协议非常重要。

（1）在路由器上开启 IPv6 单播路由转发。

（2）在接口下启动 OSPFv3 路由进程。

（3）查看和调试 OSPFv3 路由协议相关信息。

2. 实验拓扑

实验拓扑如图 2-16 所示。

图 2-16　OSPFv3 拓扑图

3. 实验步骤

（1）配置路由器 R1。

```
R1_config#ipv6 unicast-routing
//开启单播路由协议。
R1_config#ipv6 router ospf 100
//启动OSPFv3路由进程。
R1_config-rtr#router-id 10.1.1.1
//定义路由器ID。
R1_config#int fa0/0
R1_config_f0/0#ipv6 address 2010:1111::1/64
//配置接口IPv6地址。
R1_config_f0/0#ipv6 ospf 100 area 0
R1_config_f0/0#no shutdown
//接口上启用OSPFv3,并声明接口所在区域。
R1_config#int loopback 0
R1_config_lo0/0#ipv6 address 2010:2222::1/64
```

```
//配置回环 IPv6 地址。
R1_config_lo0/0#ipv6 ospf 100 area 0
R1_config_lo0/0#no shutdown
```

（2）配置路由器 R2。

```
R2_config#ipv6 unicast-routing
R2_config#ipv6 router ospf 100
R2_config-rtr#router-id 10.2.2.2
R2_config#int fa0/0
R2_config_f0/0#ipv6 address 2010:1111::2/64
R2_config_f0/0#ipv6 ospf 100 area 0
R1_config_f0/0#no shutdown
R2_config#int loopback0
R2_config_lo0/0#ipv6 address 2010:3333::1/64
R2_config_lo0/0#ipv6 ospf 100 area 0
R2_config_lo0/0#no shutdown
```

4. 实验调试

（1）使用"show ipv6 ospf route"查看路由表。

（2）使用"show ipv6 ospf"查看路由器 OSPF 的详细信息。

（3）使用"debug ipv6 ospf"查看 OSPFv3 的调试信息。

（4）测试路由器之间的连通性。

企业交换网络设计

在现今的网络建设中,企业网的建设是非常重要的,企业网内部各种不同业务的开展是企业网发展迅速的最主要原因。早期的企业网主要是简单的数据共享,现在的企业网要求内部全方位的数据共享,同时,网络部署也从过去单一的企业内部网到现在多个分支公司的网络互联。因此,企业网络的建设目标是建立分层的交换式以太网络,既对已建成的企业网络进行优化使其得到充分的利用,又实现了对现有网络进行升级扩建。

在建立企业交换网之前,首先要了解企业的具体需求,根据企业办公室 PC 的多少来决定网络信息点数目;其次,根据企业办公大楼和工厂车间的具体位置,考虑需要敷设的主干光纤,在合理的位置放置硬件设备,并通过网络敷设将企业中的每一个信息点连接到局域网中;最后通过路由器、防火墙等设备连接到外网。一般情况下,外网地址采用各电信运营商提供的网络地址,企业内部采用私有 IP 地址。

另外,在一个企业交换网中,子网划分是必不可少的。例如,一个企业共有 15 个分公司,每个分公司有 8 个部门,上级只给一个 172.16.0.0/16 的网段,让你给每家子公司以及子公司的每个部门分配网段。我们不可能为每一个工作站申请一个公有 IP 地址,这时就必须做子网划分,这样不仅可以缓解 IP 地址的不足,也可以为企业节省不少开支。

随着企业的发展,在企业局域网中划分 VLAN 也成为必需,VLAN 可以保证内网信息更加安全。例如,公司其他部门需要限制访问公司内部网的财务服务器资源,这时就可以通过划分 VLAN 解决。随着无线网络的部署,管理更加困难,如何保证不把无线网络的安全问题带到整个企业网,也可以通过在不同部门之间划分不同的网段解决。VLAN 技术既能保证内网更加安全,也便于管理。

企业网络建成之后,如何保证网络的传输质量,从而避免由于网络设计带来的各种问题呢? 网络设计中经常会采用冗余拓扑的方法解决。冗余是保证企业网络可靠性的关键设计之一。如果设备之间的多条物理链路能够提供冗余路径,那么当某个链路或端口发生故障时,网络仍可以继续运行。同时,冗余链路可以增加网络容量,提供流量负载分担。对于二层交换环路问题,可以通过 STP(Spanning Tree Protocol,生成树协议)来管理二层冗余,STP 可以让具有冗余拓扑的网络在发生故障时自动调整网络的数据转发路径。此外,企业网络中还会通过链路聚合的方式,来均衡各端口中的出/入流量。

◇ 3.1 实验拓扑

随着企业规模的不断扩大,企业数据量的飞速增长,企业希望内部数据能够高速共享,对外公布的信息能够及时发布,因此,企业对内部网络以及网络外部出口等有了更高的要求。在网络设计与实现中,子网划分、VLAN、MSTP、链路聚合等技术是不可或缺的。

一般企业网络的拓扑结构如图 3-1 所示。

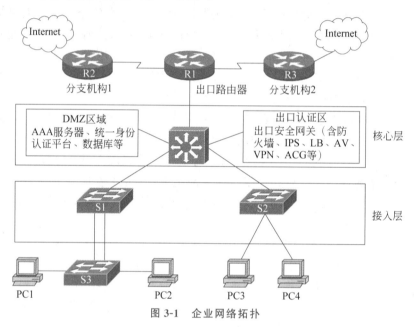

图 3-1 企业网络拓扑

◇ 3.2 子网划分

网络中,主机可采用的通信方式包括单播(Unicast)、组播(Multicast)和广播(Broadcast)三种。广播又分为定向广播和有限广播两类。

(1)单播:指从一台主机向另一台主机发送数据包的过程。

(2)组播:指从一台主机向选定的一组主机发送数据包的过程(注意:这些主机可以位于不同网络)。组播可以发送单个数据包到组播组中的所有主机,因此可以在一定程度上节省带宽。常见的组播应用有视频和音频组播、路由协议交换路由信息、软件分发、远程游戏等。

(3)广播:指从一台主机向该网络中的所有主机发送数据包的过程。因为收到广播数据包的所有主机都会处理该数据包,所以广播一般受限制,以免造成网络或设备的负担。广播分为定向广播和有限广播两类。

① 定向广播。定向广播是将数据包发送给特定网络中的所有主机。一般应用于向非本地网络中的所有主机发送广播。

② 有限广播。有限广播是将数据包发送给本地网络中的所有主机,数据包的目的 IP 地址设为 255.255.255.255(注意:路由器不会转发有限广播)。通常将网络的有限广播范围称为广播域,而路由器是广播域的边界。有限广播的应用包括 DHCP 发现数据包、ARP 请求数据包等。

在网络 IP 地址划分中,有一些地址具有特殊含义,下面是比较常见的特殊 IP 地址。

(1) 环回地址。

以"127"开头的网段,都称为环回地址,在 Windows 系统下,环回地址也称为"localhost",环回地址一般用来测试网络协议是否正常工作。例如,可以使用"ping 127.1.1.1"来测试本地 TCP/IP 是否安装正确;可以在本地浏览器里输入"http://127.1.2.3"来测试 Web 服务是否正常启动。

注:使用该地址发送的数据不进行网络传输。

(2) 0.0.0.0 和 255.255.255.255。

0.0.0.0 表示任意网络、任意主机。例如,当在网络中设置默认网关时,Windows 系统会自动生成一个目的地址为 0.0.0.0 的默认路由。

255.255.255.255 是受限广播地址,表示本网段内所有主机。该地址一般用于主机配置过程中 IP 数据包的目的地址。

注:路由器禁止转发目的地址为 255.255.255.255 的数据包。

(3) 169.254.*.*。

如果网络中使用 DHCP(Dynamic Host Configuration Protcol,动态主机配置协议)自动获取 IP 地址,那么当 DHCP 服务发生故障或响应时间超时时,Windows 系统会自动为主机分配这样一个地址。因此,当网络中的主机 IP 地址是此类地址时,网络很可能出现了故障。

(4) 主机号全为 0 的地址。

这个地址指本地网络。路由表中经常会出现这样的地址。

在互联网发展的早期,许多 A 类地址被分配给大型网络服务提供商,B 类地址被分配给大型公司或其他组织,因此消耗掉了许多 A 类和 B 类地址。在美国国家骨干网转为全球公有互联网后,有限的 IP 地址个数远远不能满足越来越多的主机需要。此外,如果一个网络内包含的主机数量过多(如一个 B 类网络可分配 65 534 个有效 IP 地址),采用以太网的组网方式,那么网络内会有大量的广播信息,从而导致网络拥塞。为了解决这些矛盾,子网技术应运而生。

子网是指从有类网络中,利用主机地址位,把整个大网络划分成若干较小的网络,形成若干独立的子网的过程。这样可以使 IP 地址更加有效,将原来处于同一个网段上的主机,分隔到不同网段或子网中,因此原来的一个广播域被划分成若干较小的广播域,大大地减少了广播干扰问题。划分子网可以使一个大型网络拥有多个小的局域网。

子网的划分通过子网掩码技术来实现。传统的子网划分方法是使用固定长度的子网掩码,每个子网包含的有效 IP 地址数量相同。这种划分方法在每个子网对主机数量的要求差别比较大时,同样会造成 IP 地址的浪费。于是,可以使用可变长度子网掩码 (Variable Length Subnet Mask,VLSM)技术,它可以根据网络的实际需求,使用适当的子网掩码长度,也就是对子网再划分子网的技术。使用 VLSM 进行子网划分与传统子网划分方法类似,也是从主机部分借若干位来创建子网,计算子网的个数和每个子网的主机个数的公式类似。

子网划分的公式如下。

(1) 划分子网个数:2^n。n 是网络位向主机位所借的位数。

(2) 每个子网的主机数:$2^m - 2$。m 是借位后所剩的主机位数。

(3) 划分后的子网掩码:在原有子网掩码的基础上借了几个主机位,就添加几个 1。

实验 3-1:子 网 划 分

实验 3-1
视频

1. 实验目的

(1) 掌握 IP 地址和子网掩码的含义。

(2) 掌握计算机 IP 地址的分配。

(3) 掌握 IP 子网划分的概念和划分方法。

2. 实验拓扑

实验拓扑如图 3-2 所示。

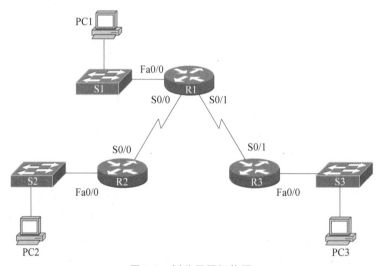

图 3-2　划分子网拓扑图

3. 实验要求

指定了一个网络地址 172.16.0.0/16。将利用它对拓扑图中显示的网络划分子网以及分配 IP 地址。该网络的编址要求如下。

(1) R1 的 LAN 子网需要 400 个主机 IP 地址。

(2) R2 的 LAN 子网需要 200 个主机 IP 地址。

(3) R3 的 LAN 子网需要 50 个主机 IP 地址。

(4) 从 R1 到 R2 的链路的两端各需要一个 IP 地址。

（5）从 R1 到 R3 的链路的两端各需要一个 IP 地址。

4. 实验步骤

（1）在表 3-1 中填写相应的子网信息。

表 3-1　使用 VLSM 划分子网

子网编号	子网地址	第一个可用主机地址	最后一个可用主机地址	广播地址
0	172.16.__.__	172.16.__.__	172.16.__.__	172.16.__.__
1	172.16.__.__	172.16.__.__	172.16.__.__	172.16.__.__
2	172.16.__.__	172.16.__.__	172.16.__.__	172.16.__.__

（2）为拓扑图中显示的网络分配子网。

（3）为网络设备分配 IP 地址。

① 将 R1 的 LAN 子网的第一个有效主机地址分配给 LAN 接口。

② 将从 R1 到 R2 的子网链路的第一个有效主机地址分配给 R1 的 S0/0 接口。

③ 将从 R1 到 R3 的子网链路的第一个有效主机地址分配给 R1 的 S0/1 接口。

④ 将 R2 的 LAN 子网的第一个有效主机地址分配给 LAN 接口。

⑤ 将从 R1 到 R2 的子网链路的最后一个有效主机地址分配给 R2 的 S0/0 接口。

⑥ 将 R3 的 LAN 子网的第一个有效主机地址分配给 LAN 接口。

⑦ 将从 R1 到 R3 的子网链路的最后一个有效主机地址分配给 R3 的 S0/1 接口。

⑧ 将 R1 的 LAN 子网的最后一个有效主机地址分配给 PC1。

⑨ 将 R2 的 LAN 子网的最后一个有效主机地址分配给 PC2。

⑩ 将 R3 的 LAN 子网的最后一个有效主机地址分配给 PC3。

5. 实验调试

（1）查看地址分配结果。

（2）检查在直连网络中，所有设备之间的连通性。

◆ 3.3　VLAN 划分

虚拟局域网（Virtual Local Area Network，VLAN）是通过软件功能将交换机物理端口划分成一组逻辑上的设备或用户，这些设备和用户不受物理网段的限制，可以根据功能、部门及应用等因素将其组织起来，从而实现虚拟工作组的技术。交换机不能隔离广播域，例如，通过多台交换机连接在一起的计算机都处于一个广播域中，这时任何一台计算机发送广播包，其他所有计算机都会收到，这时广播信息就会消耗大量的网络带宽，同时，收到广播信息的计算机还要消耗一部分 CPU 来处理广播信息。

利用 VLAN，可以不局限于网络设备的物理位置建立不同的工作组。VLAN 可以通过设备的位置、工作组所具备的功能或者不同的部门进行划分，甚至也可以根据应用程序或者使用的协议来划分。每一个 VLAN 都包含一组有着相同需求的计算机工作站，由于是从逻辑上划分，而不是从物理上划分，所以同一个 VLAN 内的各个工作站没有限制在同一个物理范围中，即这些工作站可以在一个交换机内，也可以跨越交换机，甚至可以跨越路由器。

VLAN 工作在 OSI 模型的第二层,它可以对交换机端口进行逻辑分组,一个个分组即一个个 VLAN。一个分组可以由同一个交换机的端口组成,也可以由不同交换机的端口组成。一个分组就是一个 VLAN,也是一个广播域,而 VLAN 之间的通信必须通过第三层路由功能来实现。VLAN 技术相对灵活、高效,具有减小广播域大小、降低成本、提高网络性能、增强网络安全、提高管理效率等优点。一般来说,建议一个 VLAN 不要超过 255 个终端,在无线环境下,情况更为复杂,但也建议一个 VLAN 不要超过 255 个终端,如果单个 VLAN 中终端较多,往往会采用用户隔离技术来管理同一个 VLAN 下的用户之间的通信。

VLAN 分为基于端口划分和基于 MAC 地址划分两种。

(1) 基于端口划分 VLAN。基于端口划分的 VLAN 比较常用,使用起来比较简单。网络管理员可以通过手动配置把交换机的某一端口分配给某一个 VLAN。它的不足之处是当用户从一个端口移动到另一个端口时,网络管理员必须重新对交换机端口进行分配配置。

(2) 基于 MAC 地址划分 VLAN。基于 MAC 地址划分 VLAN 使用到了 VLAN 成员策略服务器(VLAN Membership Policy Server,VMPS)。一般是根据连接到交换机端口的设备的源 MAC 地址,动态地将其分配给某个 VLAN。当设备移动时,交换机能够自动识别其 MAC 地址并将其所连接的端口配置到相应的 VLAN,因此也称为动态 VLAN。

实验 3-2
视频

实验 3-2:单交换机 VLAN 划分

1. 实验目的

(1) 熟悉 VLAN 的创建。

(2) 把交换机接口划分到特定的 VLAN。

(3) 配置交换机的端口安全特性。

(4) 配置管理 VLAN。

2. 实验拓扑

实验拓扑如图 3-3 所示。

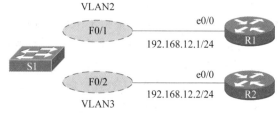

图 3-3 划分 VLAN 拓扑图

3. 实验步骤

要配置 VLAN,首先要创建 VLAN,然后再把交换机的端口划分到特定的端口上,具体步骤如下。

（1）在划分 VLAN 前，配置路由器 R1 和 R2 的 e0/0 接口，从 R1 上 ping 192.168.12.2 进行测试。默认时，交换机的全部接口都在 VLAN1 上，从 R1 和 R2 应该能够通信。

（2）在 S1 上创建 VLAN。

```
S1(config)#vlan 2
S1(Config-Vlan2)#name VLAN2
//在 S1 上创建 vlan 2,并修改名称为 VLAN2。
S1(Config-Vlan2)#exit
S1(config)#vlan 3
S1(Config-Vlan3)#name VLAN3
//在 S1 上创建 vlan 3,并修改名称为 VLAN3。
```

（3）把端口划分到相应的 VLAN 中。

```
S1(config)#vlan 2
S1(Config-Vlan2)#switchport interface f0/1
//把端口 f0/1 分配到 vlan 2 中。
S1(Config-Vlan2)#exit
S1(config)#vlan 3
S1(Config-Vlan3)#switchport interface f0/2
//把端口 f0/2 分配到 vlan 3 中。
```

（4）配置交换机端口安全。

```
S1(config)#int f0/10
S1(config-if-fastEthernet0/10)#switchport port-security
//打开交换机的端口安全功能。
S1(config-if-fastEthernet0/10)#switchport port-security maximum 1
//只允许该端口下的 MAC 条目最大数量为 1。
S1(config-if-fastEthernet0/10)#switchport port-security violation shutdown
//如果该接口的 MAC 条目超过最大数量,则该接口将会被关闭。
S1(config-if-fastEthernet0/10)#switchport port-security mac-address 00-01-
23-45-67-89
//允许 PC 从 f0/10 接口接入。
```

（5）配置管理 VLAN。

```
S1(config)#vlan 99
S1(Config-Vlan99)#name management
//一般设置 vlan 99 为管理 VLAN。
S1(Config-Vlan99)#exit
S1(config)#int vlan 99
S1(Config-if-Vlan99)#ip address 172.16.1.1 255.255.0.0
//为其分配 IP 地址。
S1(Config-if-Vlan99)#no shutdown
```

4. 实验调试

(1) 使用"show vlan"查看 VLAN 信息。

(2) 测试 VLAN 之间的连通性。

(3) 使用"show mac-address-table"检查 MAC 地址表。

(4) 模拟非法接入(修改 MAC 地址),查看端口状态。

(5) 从 PC Telnet 到交换机 S1。

实验 3-3
视频

实验 3-3：多交换机 VLAN 划分

当一个 VLAN 跨过不同的交换机时,连接在不同交换机端口的同一 VLAN 的计算机如何实现通信呢?这时,可以在交换机之间为每一个 VLAN 都增加连线,然而这样在有多个 VLAN 时会占用交换机太多的端口,而且扩展性很差。可以采用 Trunk 技术来实现跨交换机的 VLAN 内主机通信。Trunk 技术使得在一条物理线路上可以传送多个 VLAN 的信息,交换机从属于某一 VLAN 的端口接收到数据,在 Trunk 链路上进行传输前,会加上一个标记,标识该数据所属的 VLAN,数据到了对方交换机,交换机会把该标记去掉,只发送到属于对应 VLAN 端口的主机。

1. 实验目的

配置交换机接口的 Trunk。

2. 实验拓扑

实验拓扑如图 3-4 所示。

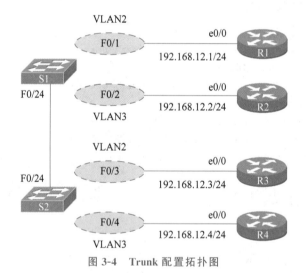

图 3-4　Trunk 配置拓扑图

3. 实验步骤

(1) 在 S1 上创建 VLAN。

```
S1(config)#vlan 2
S1(Config-Vlan2)#name VLAN2
S1(Config-Vlan2)#exit
```

```
S1(config)#vlan 3
S1(Config-Vlan3)#name VLAN3
S1(Config-Vlan3)#exit
S1(config)#vlan 98
S1(Config-Vlan98)#name native vlan
```

（2）把端口划分在 VLAN 中。

```
S1(config)#vlan 2
S1(Config-Vlan2)#switchport interface fastEthernet 0/1
S1(Config-Vlan2)#exit
S1(config)#vlan 3
S1(Config-Vlan3)#switchport interface fastEthernet 0/2
```

（3）在 S2 上创建 VLAN。

```
S2(config)#vlan 2
S2(Config-Vlan2)#name VLAN2
S2(Config-Vlan2)#exit
S2(config)#vlan 3
S2(Config-Vlan3)#name VLAN3
S2(Config-Vlan3)#exit
S2(config)#vlan 98
S2(Config-Vlan98)#name native vlan
```

（4）把端口划分在 VLAN 中。

```
S2(config)#vlan 2
S2(Config-Vlan2)#switchport interface fastEthernet 0/3
S2(Config-Vlan2)#exit
S2(config)#vlan 3
S2(Config-Vlan3)#switchport interface fastEthernet 0/4
```

（5）配置 Trunk。

```
S1(config)#interface f0/24
//注:配置实验中实际连接的接口。
S1(config-if-fastEthernet0/24)#switchport mode trunk
S1(config-if-fastEthernet0/24)#switchport trunk native vlan 98
S2(config)#interface f0/24
S2(config-if-fastEthernet0/24)#switchport mode trunk
S2(config-if-fastEthernet0/24)#switchport trunk native vlan 98
```

4. 实验调试

（1）使用"show vlan"查看 VLAN 信息。

（2）测试同一 VLAN 主机间的通信。

实验 3-4：VLAN 间路由

  传统 VLAN 间路由的实现方法是通过将不同的物理路由器接口连接至不同的物理交换机端口来执行 VLAN 间路由。如果两台 PC 虽然在同一台交换机上，但是处于不同 VLAN 中，那么它们之间的通信也必须使用路由器。可以在每个 VLAN 上选择一个以太网接口和路由器连接，在路由器的以太网接口上配置 IP 地址，PC 上的默认网关指向同一 VLAN 中的路由器以太网接口地址。如果要实现 N 个 VLAN 间通信，那么路由器需要 N 个以太网接口，同时也会占用交换机的 N 个端口，因此该方法只适用于少量 VLAN 之间需要通信的情况。

  而单臂路由可以通过单个物理接口实现网络中多个 VLAN 之间数据流的传递。路由器只需要一个以太网口和交换机连接，交换机的这个端口被设置为 Trunk 端口。在路由器上创建多个子接口作为不同 VLAN 主机的默认网关，根据各自 VLAN 的分配，子接口被配置到不同的子网中，从而使用路由器物理接口和子接口实现 VLAN 间路由。

1. 实验目的

（1）路由器以太网接口上的子接口配置。

（2）单臂路由实现 VLAN 间路由配置。

2. 实验拓扑

实验拓扑如图 3-5 所示。

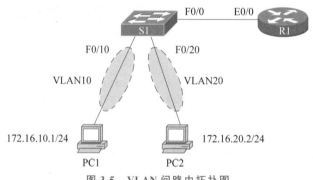

图 3-5　VLAN 间路由拓扑图

3. 实验步骤

（1）在 S1 上创建 VLAN。

```
S1(config)#vlan 10
S1(Config-Vlan10)#name VLAN10
S1(Config-Vlan10)#exit
S1(config)#vlan 20
S1(Config-Vlan20)#name VLAN20
```

（2）把端口划分在 VLAN 中。

```
S1(config)#vlan 10
S1(Config-Vlan10)#switchport interface fastEthernet 0/10
```

```
S1(Config-Vlan10)#exit
S1(config)#vlan 20
S1(Config-Vlan20)#switchport interface fastEthernet 0/20
```

（3）在交换机上配置 Trunk。

```
S1(config)#int f0/0
S1(config-if-fastEthernet0/0)#switchport mode trunk
```

（4）在路由器的物理以太网接口下创建子接口，并定义封装类型。

```
R1_config#int e0/0
R1_config_e0/0#no shutdown
R1_config#int e0/0.10
R1_config_e0/0.10#encapsulation dot1q 10
R1_config_e0/0.10#ip address 172.16.10.254 255.255.255.0
R1_config#int e0/0.20
R1_config_e0/0.20#encapsulation dot1q 20
R1_config_e0/0.20#ip address 172.16.20.254 255.255.255.0
```

4. 实验调试

（1）使用"show vlan"查看 VLAN 信息。

（2）测试 VLAN 之间的连通性。

◆ 3.4　MSTP

MSTP(Multiple Spanning Tree Protocol，多生成树协议)主要应用于在网络中建立树状拓扑，消除网络中的环路。一般网络设计中，为了增加局域网的冗余性，常常会引入冗余链路，然而这样却会引起交换环路。交换环路会带来广播风暴、同一帧的多个副本、交换机 CAM 表不稳定等问题，对网络性能有着极为严重的影响。STP(Spanning Tree Protocol，生成树协议)可以解决这些问题。STP 会阻塞可能导致环路的冗余路径，以确保网络中所有目的地之间只有一条逻辑路径。当一个端口阻止流量进入或离开时，称该端口处于阻塞(Block)状态。阻塞冗余路径对于防止交换环路非常关键。为了提供冗余功能，这些阻塞的物理路径实际上依然存在，只是被禁用以免产生环路。一旦网络发生故障，需要启用处于阻塞状态的端口，使 STP 重新计算路径，将需要的端口解除阻塞，使阻塞端口进入转发状态。

STP(IEEE 802.1d)的基本工作原理是阻断一些交换机接口，构建一棵没有环路的转发树。它利用 BPDU(Bridge Protocol Data Unit)和其他交换机进行通信，从而确定哪个交换机应该阻断哪个接口。为了在网络中形成一个没有环路的拓扑，网络中的交换机要进行以下三个步骤。

（1）选举一个根桥。

（2）在非根桥上选举根端口。

(3) 在每个网段中选择指定端口。

STP 有多个版本,是在早期的 IEEE 802.1d 上引入了一些新技术形成的。IEEE 802.1d 具有重新收敛时间较长的缺点,通常需要 30～50s 才能收敛,为了减少这个时间,在此基础上增加了一些新技术,例如 uplinkfast、backbonefast 和 postfast 等。RSTP(快速生成树协议)对 STP 做出了很大的改进,大大地减少了收敛时间,形成了新的协议。MSTP 首先通过设置 VLAN 映射表(即 VLAN 和生成树的对应关系表),把 VLAN 和生成树联系了起来。然后通过"实例"将多个 VLAN 整合到一个集合中,最后将集合中的多个 VLAN 捆绑到一个实例中,从而节省带宽和资源占用率。

实验 3-5: MSTP

1. 实验目的

生成树协议是为了防止路由环路。

(1) 理解 STP 的工作原理。

(2) 理解 MSTP 的工作原理。

(3) 利用 MSTP 进行负载平衡。

2. 实验拓扑

实验拓扑如图 3-6 所示。

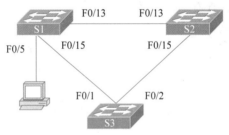

图 3-6   STP 基本配置拓扑图

3. 实验步骤

(1) 在交换机上创建 VLAN2,在 S1 和 S2 之间的链路上配置 Trunk,S3 配置 Trunk(S3 配置省略)。

```
S1(config)#vlan 2
S1(config)#int f0/13
S1(config-if-fastEthernet0/13)#switchport mode trunk
S2(config)#vlan 2
S2(config)#int f0/13
S2(config-if-fastEthernet0/13)#switchport mode trunk
```

(2) 建立 MSTP 实例,控制 S1 为 VLAN1 的根桥,S2 为 VLAN2 的根桥。

```
S1(config)#spanning-tree mst configuration
S1(config-mstp-region)#name mstp
S1(config-mstp-region)#instance 1 vlan 1
```

```
S1(config-mstp-region)#instance 2 vlan 2
S1(config-mstp-region)#exit
S1(config)#spanning-tree
S1(config)#interface f0/13
S1(config-if-fastEthernet0/13)#spanning-tree mst 1 priority 4096
S2(config-if-fastEthernet0/13)#spanning-tree mst 2 priority 4096
```

（3）控制指定端口。

从步骤（2）中可以看到,对于 VLAN1,S1 成为根桥,S1 的 f0/13 和 f0/15 处于转发状态;S2 的 f0/13 是根端口,也处于转发状态;假设 S3 的 f0/1 是根端口,也处于转发状态,那么在 S2 和 S3 之间的链路上,却是交换机 S3 的 f0/2 在转发数据,这是不合理的。

要控制指定端口,可以通过改变优先级实现。

```
S1(config-if-fastEthernet0/15)#spanning-tree mst 1 priority 8192
S2(config-if-fastEthernet0/15)#spanning-tree mst 2 priority 8192
```

4. 实验调试

使用"show spanning-tree"检查 MSTP 树。

实验 3-6：边缘端口配置

不直接与任何交换机连接,也不通过端口所连接的网络间接与任何交换机相连。简单来说,就是不需要参与到生成树协议的端口,一般指交换机接入 PC 等终端的端口。

1. 实验目的

理解 portfast 的工作场合和配置。

2. 实验拓扑

实验拓扑如图 3-7 所示。

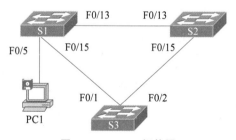

图 3-7 portfast 拓扑图

3. 实验步骤

（1）配置生成树协议,参看实验 3-5。

（2）配置 portfast。

```
S1(config)#interface fastEthernet 1/0/5
S1(Config-If-fastEthernet1/0/5)#spanning-tree portfast bpduguard recovery 60
//配置边缘端口模式为 BPDU guard,恢复时间为 60s。
```

4. 实验调试

S1 交换机 F0/5 与交换机 S3 相连后,检测 S1 交换机 F0/5 状态。

◇ 3.5 链 路 聚 合

链路聚合(Link Aggregation)是指将多个物理端口捆绑在一起,成为一个逻辑端口,以实现出/人流量在各成员端口中的负荷分担,交换机根据用户配置的端口负荷分担策略决定报文从哪一个成员端口发送到对端的交换机。

链路聚合的使用场景一般是,当交换机多条链路相连,但是不需要 MSTP 的时候。

实验 3-7
视频

实验 3-7:链 路 聚 合

1. 实验目的

熟悉链路聚合的配置。

2. 实验拓扑

实验拓扑如图 3-8 所示。

图 3-8　链路聚合配置拓扑图

3. 实验步骤

(1) 创建 S1 和 S2 之间的链路聚合端口。

```
S1(Config)#port-group 1
S2(Config)#port-group 1
```

(2) 配置 S1 和 S2 的链路聚合。

```
S1(config)#interface fastEthernet 0/13-14
S1(config-if-port-range)#port-group 1 mode on
S2(config)#interface fastEthernet 0/13-14
S2(config-if-port-range)#port-group 1 mode on
```

启动 LACP(链路聚合控制协议)的端口可以有两种工作模式,分别是 passive 和 active。

(1) passive:被动模式,该模式下端口不会主动发送 LACPDU 报文,在接收到对端发送的 LACP 报文后,该端口进入协议计算状态。

(2) active:主动模式,该模式下端口会主动向对端发送 LACPDU 报文,进行 LACP 的计算。

4. 实验调试

(1) 使用"show port-group brief"检查其 mode 是否为 on。

(2) 使用"show int port-channel 1"(group 号)检查其协议是否为 up。

第4章 构建小型网络

构建小型网络

◆ 4.1 实 验 拓 扑

构建一个小型网络一般要遵循"灵活性、易用性、安全性、稳定性、可管理性、可扩展性"的原则。在设计与实现小型网络的过程中,NAT、DHCP、ACL 等技术是不可或缺的。

一般小型网络的拓扑结构如图 4-1 所示。

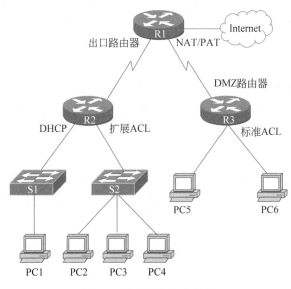

图 4-1　小型网络拓扑结构

◆ 4.2　NAT

随着越来越多的用户加入互联网中,IP 地址短缺成为一个日益突出的问题。网络地址转换技术(Network Address Translation,NAT)是一个有效缓解 IP 地址短缺的重要手段。NAT 是一种在 IP 数据包通过路由器或防火墙时重写源 IP 地址或目的 IP 地址的技术,也被称为网络掩蔽或者 IP 掩蔽。网络管理员可以实施网络地址转换,然后通过 DHCP(动态主机配置协议)方式快速、高效地给网络中的设备(如路由器、交换机、计算机、服务器等)分配 IP 地址。

NAT 是一个 IETF 标准,它允许一个机构以一个公有地址出现在 Internet 上。NAT技术被广泛应用在有多台主机但只能通过一个公有 IP 地址访问 Internet 的私有网络中,路由器或防火墙在发送数据包之前,负责把内部网络 IP 地址翻译重写成外部合法的 IP地址。因为 NAT 对外部网络隐藏了内部 IP 地址,所以 NAT 还能在一定程度上增加网络的私密性和安全性。

NAT 技术实现了私有地址的网络连接到公共网络中,它通过修改 IP 数据报文报头中的源地址、目标地址实现地址转换,一般通过专用的 NAT 软件或硬件实现。NAT 技术有三种实现方式:静态 NAT、动态 NAT 和端口地址转换(PAT)。

1. 静态 NAT

在静态 NAT 中,内部网络中的每个 IP 地址都被永久映射成外部网络中的某个合法的地址。静态 NAT 将内部本地地址与内部全局地址进行一对一的转换。如果内部网络有 E-mail 服务器或 WWW 服务器等为外部用户提供服务的服务器,那么这些服务器的IP 地址一般采用静态 NAT,以便外部用户可以使用这些服务。静态 NAT 中的内部本地地址通常是 RFC 1918 中定义的私有 IP 地址;内部全局地址是指当内部主机流量流出NAT 路由器或防火墙时,分配给内部主机的有效地址。

2. 动态 NAT

动态 NAT 是内部本地地址和地址池中地址的动态一对一映射。动态 NAT 首先要定义一个合法的地址池,然后采用动态分配的方法从该地址池中随机选择一个未使用的地址对内部本地地址做映射。

3. PAT

PAT 是把内部地址映射到一个外部网络 IP 地址的不同端口上,它允许多个内部网络地址共享一个外部网络的 IP 地址,从而实现多对一的映射。PAT 是节省 IP 地址最有效的方法。

实验 4-1:静态 NAT

1. 实验目的

(1)掌握静态 NAT 的特征。

(2)掌握静态 NAT 的基本配置和调试。

2. 实验拓扑

实验拓扑如图 4-2 所示。

实验 4-1
视频

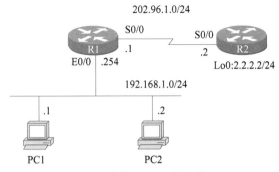

图 4-2　静态 NAT 配置拓扑图

3. 实验步骤

（1）配置路由器 R1 提供 NAT 服务。

```
R1_config#ip nat inside source static 192.168.1.1 202.96.1.3
R1_config#ip nat inside source static 192.168.1.2 202.96.1.4
//配置内部本地地址与内部全局地址之间的静态转换。
R1_config#interface f0/0
R1_config_f0/0#ip nat inside
R1_config_f0/0#exit
//配置 NAT 内部接口。
R1_config#interface s0/0
R1_config_s0/0#ip nat outside
//配置 NAT 外部接口。
R1_config#router rip
R1_config_rip#version 2
R1_config_rip#no auto-summary
R1_config_rip#network 202.96.1.0
//对路由器 R1 配置 RIP。
```

（2）配置路由器 R2。

```
R2_config#router rip
R2_config_rip#version 2
R2_config_rip#no auto-summary
R2_config_rip#network 202.96.1.0
R2_config_rip#network 2.0.0.0
//对路由器 R2 配置 RIP。
```

4. 实验调试

（1）使用"debug ip nat detail"查看地址翻译的过程。

（2）使用"show ip nat translations"查看 NAT 表。

实验 4-2：动态 NAT 和 PAT

1. 实验目的

（1）掌握动态 NAT 的特征。

（2）掌握动态 NAT 的基本配置和调试。

（3）掌握 PAT 的基本配置和调试。

2. 实验拓扑

实验拓扑如图 4-3 所示。

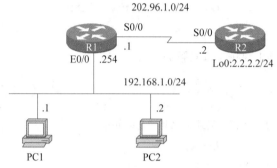

图 4-3　动态 NAT 配置拓扑图

3. 实验步骤

（1）配置路由器 R1 提供动态 NAT 服务。

```
R1_config#interface f0/0
R1_config_f0/0#ip nat inside
R1_config_f0/0#exit
//配置 NAT 内部接口。
R1_config#interface s0/0
R1_config_s0/0#ip nat outside
//配置 NAT 外部接口。
R1_config#ip nat pool DZC 202.96.1.3 202.96.1.100 255.255.255.0
//配置动态 NAT 转换的地址池 DZC。
R1_config#ip access-list standard 1
R1_config_std_nacl#permit 192.168.1.0 255.255.255.0
//配置 ACL,设定允许动态 NAT 映射的内部地址通过。
R1_config#ip nat inside source list 1 pool DZC
//配置动态 NAT 映射,将地址池 DZC 和 ACL 绑定。
```

（2）配置路由器 R1 提供 PAT 服务。

```
R1_config#no ip nat inside source list 1 pool DZC
//也可用 clear ip nat translation 命令。
R1_config#ip nat inside source list 1 interface s0/1
//配置路由器 R1 提供 PAT 服务。
```

4. 实验调试

(1) 使用"debug ip nat detail"查看步骤(1)和步骤(2)执行后地址翻译的过程。

(2) 使用"show ip nat translations"查看步骤(1)和步骤(2)执行后的 NAT 表。

◆ 4.3 DHCP

DHCP(Dynamic Host Configuration Protocol,动态主机配置协议)主要是用来给内部网络或者网络服务提供商自动分配动态的 IP 地址。负责分配 IP 地址的设备称为DHCP 服务器,被分配 IP 地址的设备称为 DHCP 客户端。被分配的 IP 地址都保存在DHCP 服务器预先保留的一个由多个地址组成的地址集中,地址集一般由一段连续的地址组成。当 DHCP 客户端程序发出一个信息,要求一个动态的 IP 地址时,DHCP 服务器会根据目前已经配置的地址集,提供一个可供使用的 IP 地址和子网掩码给客户端。下面是通过 DHCP 获取地址的详细过程。

(1) 动态获取 IP 地址的过程。

① 发现阶段。DHCP 客户端寻找 DHCP 服务器的阶段。DHCP 客户端以广播(目的 IP 地址为 255.255.255.255)的方式发送 DHCP Discover 消息来寻找 DHCP 服务器,同一网络中每一台安装了 TCP/IP 的主机都会接收到这种广播消息,但只有 DHCP 服务器才会做出响应。

② 提供阶段。DHCP 服务器提供 IP 地址的阶段。DHCP 服务器接收到 DHCP Discover 消息,都会做出响应,它会从地址池尚未分配的 IP 地址中挑选一个分配给DHCP 客户端,并向 DHCP 客户端发送一个包含分配的 IP 地址、掩码和其他可选参数的DHCP Offer 消息。该消息可以是广播消息,也可以是单播消息,取决于客户端发送DHCP Discover 消息的标志字段的 Broadcast Flag 的值。如果该值为 0x8000,则以广播消息发送;如果该值为 0x0000,则以单播消息发送。一般情况下,以单播消息发送。

③ 请求阶段。客户端选择某台 DHCP 服务器提供的 IP 地址并向该服务器发送请求消息的阶段。如果有多台 DHCP 服务器向 DHCP 客户端发送 DHCP Offer 消息,则DHCP 客户端只选择接收到的第一个 DHCP Offer 消息,然后就以广播方式回答一个DHCP Request 消息,该消息中包含向它所选定的 DHCP 服务器请求 IP 地址的内容。客户端以广播方式回答是为了通知其他的 DHCP 服务器,它已经选择了哪个 DHCP 服务器所提供的 IP 地址。

④ 确认阶段。DHCP 服务器确认所提供的 IP 地址的阶段。当 DHCP 服务器收到DHCP 客户端发送的 DHCP Request 消息后,它便向 DHCP 客户端发送一个包含它所提供的 IP 地址、掩码和其他选项的 DHCP ACK 消息,告诉 DHCP 客户端提供的 IP 地址,然后 DHCP 客户端便将其 TCP/IP 与网卡绑定。另外,除了选中的 DHCP 服务器外,其他的 DHCP 服务器都将收回曾经为该 DHCP 客户端提供的 IP 地址。

(2) IP 地址的租约更新。

如果采用动态地址分配策略,那么 DHCP 服务器分配给客户端的 IP 地址是有一定租借期限的,当租借期满后服务器会收回该 IP 地址。如果 DHCP 客户端希望继续使用该地址,需要更新 IP 地址租约。在启动时间为租约期限 50%时,DHCP 客户端会自动向 DHCP 服务器发送更新其 IP 地址租约的消息。如果 DHCP 服务器应答则租用延期。如果 DHCP 服务器始终没有应答(如 DHCP 服务器故障),在启动时间为有效租借期的 87.5%时,客户端会与任何一个其他的 DHCP 服务器通信,并请求更新它的配置信息。如果客户端不能和所有的 DHCP 服务器取得联系,租借时间到后,它必须放弃当前的 IP 地址并重新发送一个 DHCP Discover 消息,开始重新获取 IP 地址。当然,客户端也可以主动向服务器发出 DHCP Release 消息,释放当前的 IP 地址。DHCP 服务器收到该消息后,会收回已分配的 IP 地址。

实验 4-3:DHCP 配置

实验 4-3
视频

1. 实验目的

(1) 熟悉 DHCP 的工作原理和工作过程。

(2) 掌握 DHCP 服务器的基本配置和调试。

(3) 掌握客户端配置。

2. 实验拓扑

实验拓扑如图 4-4 所示。

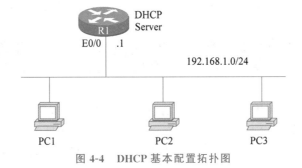

图 4-4　DHCP 基本配置拓扑图

3. 实验步骤

(1) 配置路由器 R1 提供 DHCP 服务。

```
R1_config#ip dhcpd enable
//开启 DHCP 服务。
R1_config#ip dhcpd ping timeout 2
//ICMP 检测包超时时间设为 200ms。
R1_config#ip dhcpd pool bjut
//定义地址池。
R1_config_dhcp#network 192.168.1.0 255.255.255.0
//DHCP 服务器可分配的地址和掩码。
R1_config_dhcp#range 192.168.1.6 192.168.1.200
//设置 IP 范围。
R1_config_dhcp#domain-name bjut.edu.cn
//配置域名。
R1_config_dhcp#default-router 192.168.1.1
```

```
//配置默认网关。
R1_config_dhcp#netbios-name-server 192.168.1.2
//指定 WINS 服务器地址(WINS 主要用来缓解局域网里的网络风暴)。
R1_config_dhcp#dns-server 192.168.1.3
//指定 DNS 服务器地址。
R1_config_dhcp#lease infinite
//规定租约为无限制(默认为 1 天)。
```

（2）设置 Windows 客户端。

首先在 Windows 下把 TCP/IP 地址设置为自动获得，如图 4-5 所示。如果 DHCP 服务器还提供 DNS 和 WINS 等，也把它们设置为自动获得。

图 4-5　修改 TCP/IP 属性

4. 实验调试

（1）在客户端，执行"ipconfig"可以看到 IP 地址、WINS、DNS 和域名是否正确。

（2）使用"show ip dhcpd pool"查看地址池的信息。

（3）使用"show ip dhcpd binding"查看 DHCP 的地址绑定情况。

◇ 4.4　访问控制列表

访问控制列表（Access Control List，ACL）是控制网络访问的一种有利的工具，一般部署在网络中的三层设备上。随着大规模开放式网络的应用，网络面临的威胁越来越多。一方面，为了业务的发展，必须允许对网络资源开放访问权限；另一方面，又必须保障数据和资源的安全。而通过 ACL 可以对数据流进行过滤，是保证网络安全的基本手段之一。

ACL 通过路由器配置脚本实现,它使用包过滤技术,在路由器上读取第三层及第四层包头中的信息,如源地址、目的地址、源端口、目的端口和协议等,根据预先定义好的指令规则对数据包进行过滤,从而达到访问控制的目的。过滤是通过对数据包内容进行分析,然后决定是允许还是阻止该数据包的过程。可以通过在网络设备上灵活地配置 ACL 访问控制列表规则,过滤流入和流出网络的数据包,从而保证内网的安全。ACL 具有类似于防火墙的安全访问控制机制,有时也称它为软件防火墙。

ACL 可以应用在入向或者出向接口,对于入向数据流,路由器先检查应用在接口的入向 ACL,按照自上而下的顺序匹配 ACL,如果匹配到 deny 则丢弃数据包返回 ICMP 不可达消息(ACL 结尾隐含 deny any);如果匹配到 permit 则查找路由表进而判断目的地址是否可路由,可以路由则将数据转发到出接口,不可以路由则返回 ICMP 不可达消息。在数据包转发到出站接口时,看是否有出向 ACL,同样地按照路由器 ACL 的检查流程,根据具体的匹配结果,决定是转发数据还是丢弃数据。

本书讨论两种类型的 ACL:标准 ACL 和扩展 ACL。

(1)标准 ACL。

标准 ACL 相对简单,它通常使用 IP 包中的源 IP 地址进行过滤,标准 ACL 的编号范围为 1~99 或 1300~1999,共 799 个。

(2)扩展 ACL。

扩展 ACL 比标准 ACL 具有更多的匹配选项,功能更加强大,ACL 表项更加细化。它可以针对数据包的协议类型、源地址、目的地址、源端口、目的端口、TCP 连接建立等进行过滤,扩展 ACL 的编号范围为 100~199 或 2000~2699,共 800 个。

ACL 工作方式遵循以下几个原则。

(1)自上而下顺序处理原则。

ACL 表项的检查从第一个表项开始,按照自上而下的顺序进行,一旦匹配到某一条件,就停止检查后续的表项。ACL 表项的最后一项是隐含的 deny any(默认拒绝所有),意味着如果该数据包与 ACL 中所有表项都不匹配的话,将被丢弃。

(2)尾部添加新表项原则。

新的表项在不指定序号的情况下,默认被添加到 ACL 的末尾。

(3)ACL 放置原则。

标准 ACL 尽量作用在靠近目的端口的位置,因为标准 ACL 只使用源地址,如果将其靠近源端口,将会阻止数据包流向其他端口。扩展 ACL 尽量作用在靠近源端口的位置上,这样可以保证被拒绝的数据包尽早被过滤掉,避免浪费网络带宽。

(4)3P 原则。

对于每种协议(Per Protocol)的每个接口(Per Interface)的每个方向(Per Direction),只能配置和应用一个 ACL。

(5)方向原则。

当在接口上应用 ACL 时,用户要指明 ACL 是应用于流入数据还是流出数据。入站 ACL 在数据包被允许后,路由器才会处理路由工作。如果数据包被丢弃,则节省了执行路由查找的开销,因此,入站 ACL 更加高效。

（6）过滤原则。

路由器不对自身产生的 IP 数据包进行过滤。

实验 4-4：标准 ACL

1. 实验目的

（1）掌握标准 ACL 的工作原理和工作方式。

（2）掌握标准 ACL 的应用和测试。

2. 实验拓扑

本实验通过配置标准 ACL,实现"拒绝 PC1 所在网段访问路由器 R3,同时只允许主机 PC3 访问路由器 R3 的 Telnet 服务"。整个网络配置 OSPF 路由协议保证 IP 的连通性。

实验拓扑如图 4-6 所示。

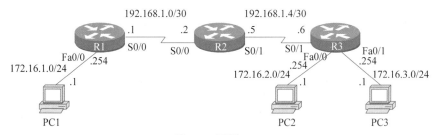

图 4-6　配置 ACL

3. 实验步骤

（1）配置路由器 R1。

```
R1_config#router ospf 1
R1_config_ospf_1#network 172.16.1.0 255.255.255.0 area 0
R1_config_ospf_1#network 192.168.1.0 255.255.255.252 area 0
```

（2）配置路由器 R2。

```
R2_config#router ospf 1
R2_config_ospf_1#network 192.168.1.0 255.255.255.252 area 0
R2_config_ospf_1#network 192.168.1.4 255.255.255.252 area 0
```

（3）配置路由器 R3。

```
R3_config#router ospf 1
R3_config_ospf_1#network 192.168.1.4 255.255.255.252 area 0
R3_config_ospf_1#network 172.16.2.0 255.255.255.0 area 0
R3_config_ospf_1#network 172.16.3.0 255.255.255.0 area 0
R3_config#ip access-list standard 1
R3_config_std_nacl#deny 172.16.1.0 255.255.255.0
//定义标准 ACL,拒绝 PC1 所在网段访问。
```

```
R3_config_std_nacl#permit any
//允许其他网段访问。
R3_config#interface Serial0/0
R3_config_s0/0#ip access-group 1 in
//在接口下应用 ACL。
R3_config#ip access-list standard 2
R3_config_std_nacl#permit 172.16.3.1 255.255.255.0
//定义标准 ACL,允许 PC3 访问。
R3_config#interface Serial0/1
R3_config_s0/1#ip access-group 2 in
R3_config#aaa authentication login default none(line)
R3_config#line vty 0 4
R3_config_line#password bjut
R3_config_line# login authentication default
//开启 Telnet 访问
```

4. 实验调试

(1) 测试主机 PC1 ping 路由器 R2 的接口地址 192.168.1.5 结果。

(2) 测试主机 PC1 ping 路由器 R3 的接口地址 192.168.1.6 结果。

(3) 测试主机 PC3 telnet 路由器 R3 结果。

(4) 测试主机 PC2 telnet 路由器 R3 结果。

(5) 用命令"show ip access-lists"查看所定义的 IP 访问控制列表。

实验 4-5
视频

实验 4-5: 扩展 ACL

1. 实验目的

(1) 掌握扩展 ACL 的工作原理和工作方式。

(2) 掌握扩展 ACL 的应用和测试。

2. 实验拓扑

本实验可以在实验 4-4 的基础上做。首先删除实验 4-4 中定义的标准 ACL,同时,保留 OSPF 的配置来保证 IP 的连通性。本实验通过配置扩展 ACL,实现只允许 PC1 所在网段的主机访问路由器 R2 的 WWW 和 Telnet 服务,并拒绝 PC3 所在网段 Ping 路由器 R2。

实验拓扑如图 4-6 所示。

3. 实验步骤

(1) 配置路由器 R1。

```
R1_config#ip access-list extended 100
R1_config_ext_nacl#permit tcp 172.16.1.0 255.255.255.0 192.168.1.2
255.255.255.252 eq telnet
R1_config_ext_nacl#permit tcp 172.16.1.0 255.255.255.0 192.168.1.5
255.255.255.252 eq telnet
```

```
R1_config_ext_nacl#permit tcp 172.16.1.0 255.255.255.0 2.2.2.0 255.255.255.252
eq telnet
R1_config_ext_nacl#permit tcp 172.16.1.0 255.255.255.0 192.168.1.2
255.255.255.252 eq 8080
```
//R2 上的 Web 端口改成了 8080
```
R1_config_ext_nacl#permit tcp 172.16.1.0 255.255.255.0 192.168.1.5
255.255.255.252 eq 8080
R1_config_ext_nacl#permit tcp 172.16.1.0 255.255.255.0 2.2.2.0 255.255.255.252
eq 8080
R1_config_ext_nacl#deny tcp any 192.168.1.2 255.255.255.252 eq 8080
R1_config_ext_nacl#deny tcp any 192.168.1.5 255.255.255.252 eq 8080
R1_config_ext_nacl#deny tcp any 2.2.2.0 255.255.255.252 eq 8080
R1_config_ext_nacl#deny tcp any 192.168.1.2 255.255.255.252 eq telnet
R1_config_ext_nacl#deny tcp any 192.168.1.5 255.255.255.252 eq telnet
R1_config_ext_nacl#deny tcp any 2.2.2.0 255.255.255.252 eq telnet
R1_config_ext_nacl#permit ip any any
R1_config#interface s0/0
R1_config_s0/0#ip access-group 100 out
```
//配置在 R1 对应的端口上。

（2）配置路由器 R2。

```
R2_config#no access-list 1
R2_config#no access-list 2
```
//删除标准 ACL。
```
R2_config#ip http port 8080
```
//修改 HTTP 的端口号，开启 Web 服务。
```
R2_config#line vty 0 4
R2_config_line#password bjut
R2_config_line#login authentication default
R2_config#aaa authentication login default none(line)
```
//开启认证。

（3）配置路由器 R3。

```
R3_config#ip access-list extended 101
R3_config_ext_nacl#deny icmp 172.16.3.0 255.255.255.0 2.2.2.0 255.255.255.0
R3_config_ext_nacl#deny icmp 172.16.3.0 255.255.255.0 192.168.1.5
255.255.255.252
R3_config_ext_nacl#deny icmp 172.16.3.0 255.255.255.0 192.168.1.2
255.255.255.252
R3_config_ext_nacl#permit ip any any
R3_config#access-list 101
R3_config#interface s0/0
R3_config_s0/0#ip access-group 101 out
```
//配置在 R3 对应的端口上。

4. 实验调试

（1）测试主机 PC3 ping 路由器 R2 的接口地址 192.168.1.2 的结果。

（2）测试主机 PC1 访问路由器 R2 的 WWW 服务。

（3）测试主机 PC1 访问路由器 R2 的 Telnet 服务。

（4）用命令"show ip access-lists"查看所定义的 IP 访问控制列表。

第 5 章

网络安全和监控

◇ 5.1 LAN 安全

LAN（Local Area Network，局域网）是指在有限的覆盖范围内将大量 PC 及各种设备互连在一起，实现高速数据传输和资源共享的计算机网络。局域网技术最早诞生于 20 世纪 60 年代的美国，发展过程中出现了许多局域网组网模型，如以太网、令牌环网等。其中，由施乐（Xerox）公司创建，并由 Xerox、Intel 和 DEC 公司联合开发的以太网（Ethernet）技术规范，是当今局域网中最常用的局域网组网标准。随着社会发展和计算机技术的广泛应用，局域网技术已经占据了十分重要的地位。

但是随着局域网使用的普及，局域网安全也受到了严重的威胁，如何防护局域网安全亟待解决。常见的局域网攻击主要发生在第二层，如 MAC 地址泛洪攻击、Telnet 漏洞攻击、CDP 侦察攻击以及 DHCP 相关的攻击等。

5.1.1 交换机端口安全

交换机的端口是连接网络终端设备的重要部分，加强交换机的端口安全是提高整个网络安全的关键。大部分网络攻击行为都采用 MAC 地址或源 IP 欺骗等方法，对网络核心设备进行连续的数据包攻击，最终耗尽网络核心设备系统资源而使系统崩溃。这些攻击行为大多可以通过事前启用交换机的端口安全功能来解决。

默认情况下，交换机的所有端口都是开放的，没有任何安全检查措施，允许到达的所有数据帧通过。因此，对交换机的端口增加安全访问机制，可以有效保护网络的安全，交换机的端口安全主要有以下两个功能。

（1）只允许特定的 MAC 地址的设备接入网络中，防止非法或者未授权的设备接入网络。当数据包的源 MAC 地址不是指定的 MAC 地址时，交换机端口不会转发这些数据包。

（2）通过限制交换机端口接入 MAC 地址的数量，防止因为接入过多的设备导致端口的不安全。默认情况下，交换机每个端口只允许一个 MAC 地址接入。

交换机主要依赖 CAM 表(包含 MAC 地址、对应的端口号、端口所属 VLAN 等信息)来转发数据帧。当数据帧到达交换机端口时,交换机首先提取其源 MAC 地址并检查 CAM 表中是否包含该地址。如果包含该 MAC 地址,交换机将把数据帧转发到该 MAC 地址所对应的端口上。如果不包含该地址,交换机将把数据帧转发到除收到该数据帧端口外的所有端口,同时将此 MAC 地址加入 CAM 表中。MAC 泛洪攻击就是利用 CAM 表的大小有限这一特点,使用攻击工具发送大量无效的源 MAC 地址的数据帧给交换机,当 CAM 表被填满后,交换机将接收到的数据帧泛洪到所有端口。

配置交换机端口安全可以防止 MAC 泛洪攻击。当尝试访问交换机端口的设备违规时,可以采用如下三种处理模式进行惩罚。

(1) 保护(Protect):如果该端口的 MAC 地址条目超过最大数目或者与所配置的 MAC 地址不同,那么新的设备就无法接入。此种模式对已经接入的设备没有影响,同时交换机不发送警告信息,也不增加违规计数。

(2) 限制(Restrict):如果该端口的 MAC 地址条目超过最大数目或者与所配置的 MAC 地址不同,那么新的设备就无法接入。此种模式对已经接入的设备没有影响,但是交换机会发送警告信息,同时增加违规计数。

(3) 关闭(Shutdown):如果该端口的 MAC 地址条目超过最大数目或者与所配置的 MAC 地址不同,那么交换机端口将会关闭,且该端口下的所有设备都无法接入交换机,交换机也会发送警告信息,同时会增加违规计数。

实验 5-1:配置交换机端口安全

1. 实验目的

(1) 理解端口安全的实现原理及接口配置方法。

(2) 掌握配置静态端口安全、动态端口安全的方法。

2. 实验拓扑

实验拓扑如图 5-1 所示。该实验在交换机的 f0/1 端口配置动态端口安全,在 f0/2 端口配置静态端口安全(注:一般服务器端配置静态端口安全)。

图 5-1　交换机端口安全实验拓扑

3. 实验步骤

(1) 配置交换机 S1。

```
S1(config)#interface vlan1
//配置交换机交换虚拟接口,对交换机进行远程管理。
S1(config-if)#ip address 192.168.12.2 255.255.255.0
S1(config-if)#no shutdown
S1(config)#ip default-gateway 192.168.12.1
```

```
//配置交换机默认网关。
S1(config)#interface range f0/1-2
S1(config-port-range)#speed-duplex auto
//配置以太网接口双工模式、速率。
S1(config)#interface range f0/3-24,g0/1,…
//禁用其他未使用的端口。
S1(config-port-range)#shutdown
```

（2）配置交换机静态端口安全。

```
S1(config)#interface f0/2
S1(config-if)#switchport port-security
//打开交换机的端口安全功能。
S1(config-if)#switchport port-security maximum 1
//只允许一台设备接入。
S1(config-if)#switchport port-security mac-address 00-00-00-00-00-01
//配置端口允许接入计算机的 MAC 地址,这里应该是服务器的 MAC 地址。
S1(config-if)#switchport port-security violation shutdown
//配置端口安全违规惩罚模式,默认 violation mode 是 shutdown。
```

（3）配置交换机动态端口安全。

```
S1(config)#interface f0/1
S1(config-if)#switchport port-security
S1(config-if)#switchport port-security maximum 1
S1(config-if)#switchport port-security violation restrict
```

4. 实验调试

（1）用命令“show mac-address-table”在每一步查看交换机的 MAC 地址表变化。

（2）在步骤（2）配置完成后,用命令“show mac-address-table│include f0/2”把服务器的 MAC 地址静态加入 MAC 地址表,在 f0/2 接入其他终端,模拟非法接入,查看交换机信息。

（3）用命令“show port-security(show port-security address)”查看交换机端口安全信息。

5.1.2　DHCP 安全

通过第 4 章的学习,了解了 DHCP 的原理及其工作流程。在局域网内,通常会使用 DHCP 服务器为客户端分配 IP 地址,但是 DHCP 服务器没有验证服务。我们知道,客户端均是以广播的方式来发现 DHCP 服务器,并且只采用第一个响应的服务器提供的服务。

针对 DHCP 的原理,对其进行的攻击主要有以下两种。

（1）中间人攻击:如果在网络中存在一台非授权的 DHCP 服务器,并且它首先应答了客户端的请求,那么客户端最后获得的就可能是具有恶意的 IP 地址和网关等信息,而攻击者就可以使用这些信息实施中间人攻击。

（2）DHCP 耗竭攻击：攻击者会故意地向授权的 DHCP 服务器反复申请 IP 地址，最终导致授权的 DHCP 服务器消耗了地址池中的全部 IP 地址，致使合法的主机无法申请到 IP 地址。

中间人攻击和 DHCP 耗竭攻击通常一起使用，首先使用 DHCP 耗竭攻击耗尽地址池中所有的 IP 地址，然后客户端不得不从非授权的 DHCP 服务器申请到带有恶意的 IP 地址，进行中间人攻击。

DHCP Snooping 是 DHCP 的安全特性，一般作用在交换机上，它可以使网络中的客户端只能从管理员指定的 DHCP 服务器获取 IP 地址，达到屏蔽接入网络中的非法 DHCP 服务器的目的。DHCP Snooping 首先监听并截获交换机端口的 DHCP 响应数据包，然后提取其中的关键信息并生成 DHCP Binding Table 记录表，表中包含客户端主机 MAC 地址、IP 地址、租用期、VLAN ID、交换机端口等。

启用 DHCP Snooping 功能后，交换机上的端口将被设置为信任（Trust）和非信任（Untrust）状态，交换机只转发信任端口的 DHCP Offer/ACK/NAK 报文，当交换机从一个不可信任端口接收到 DHCP 服务器响应的数据包时，交换机会直接将该数据包丢弃，从而阻断非法 DHCP 服务器。一般将连接 DHCP 服务器的端口设置为信任端口，连接客户端的端口设置为非信任端口，这样就可以有效地阻止中间人攻击和 DHCP 耗竭攻击。

实验 5-2：DHCP Snooping

1. 实验目的

（1）理解 DHCP 攻击的原理。

（2）理解 DHCP Snooping 的实现原理及接口配置方法。

（3）掌握 DHCP Snooping 的配置方法。

2. 实验拓扑

实验拓扑如图 5-2 所示。该实验在交换机的 f0/1 端口配置 DHCP 不受信任端口，在 f0/2 端口配置 DHCP 受信端口（服务器开启 DHCP 服务）。

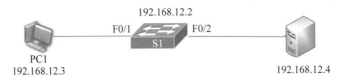

图 5-2   交换机 DHCP Snooping 实验拓扑

3. 实验步骤

（1）配置交换机 S1。

```
S1(config)#interface vlan 1
//配置交换机交换虚拟接口，对交换机进行远程管理。
S1(config-if)#ip address 192.168.12.2 255.255.255.0
S1(config-if)#no shutdown
S1(config)#ip default-gateway 192.168.12.1
//配置交换机默认网关。
```

```
S1(config)#interface range f0/1-2
S1(Config-Port-Range)#speed-duplex auto
//配置以太网接口双工模式、速率。
S1(config)#interface range f0/3-24,g0/1,…
//禁用其他未使用的端口。
S1(Config-Port-Range)#shutdown
```

（2）全局开启 DHCP Snooping 功能。

```
S1(config)#ip dhcp snooping enable
```

（3）配置交换机 DHCP 的 trust 端口。

```
S1(config)#interface ethernet f0/2
S1(config-if)#ip dhcp snooping trust
```

（4）配置交换机 DHCP 的非 trust 端口，检测到 DHCP 报文后所触发的行为。其他端口已经关闭，不必配置。

```
S1(config)#interface ethernet f0/1
S1(config-if)#ip dhcp snooping action shutdown
```

4. 实验调试

（1）正常情况下，PC1 能够获取 IP。

（2）如果把两个设备互连接口换一下，PC1 接 F0/2，服务器接 F0/1，PC1 不能够获取 IP，在交换机查看发现 F0/1 接口被 shutdown。

（3）一般来说，DHCP 服务器是在其他区域，因此接入交换机上连到汇聚或核心层设备的端口需要配置为 DHCP 信任端口。

（4）可以使用"debug ip dhcp snooping"命令来监控调试信息。

（5）新型号的交换机还支持 ARP inspecting 功能，具体实践中两个功能共同使用，可以防止 DHCP 和 ARP 攻击，效果更好。

◈ 5.2　SNMP

简单网络管理协议（Simple Network Management Protocol，SNMP）是应用层协议，用于 IP 网络结点管理。SNMP 可以帮助网络管理员监控和管理网络性能，发现并解决网络问题以及规划网络增长。

SNMP 主要由 3 部分组成，分别是网络管理工作站（Network Management Station，NMS）、SNMP 代理（Agent）和管理信息库（Management Information Base，MIB）。

（1）NMS：指运行 SNMP 管理软件的计算机。可以通过 SNMP 代理 MIB 中读取信息，也可以把命令发送给 SNMP 代理去执行。

（2）Agent：指运行在网络设备上的 SNMP 代理软件。当 Agent 接收到 NMS 的请求后,可以根据包类型进行读写操作,并生成响应返回给 NMS;当设备发生异常或者状态改变时,Agent 主动发送 Trap 信息给 NMS。

(3) MIB:一种树状数据库,存储与设备和操作信息有关的数据,是管理对象的集合。MIB 管理的对象,就是树的末端结点,每个结点有唯一的标识,即管理信息库对象识别符(Object Identifier,OID)。

SNMP 具有三个常见版本,分别是 SNMPv1、SNMPv2 和 SNMPv3。在 SNMPv3 版本中提供了认证和加密安全机制,增强了安全性。

实验 5-3:SNMP

1. 实验目的

(1) 理解 SNMP 的原理,理解 MIB 工作机制。

(2) 掌握配置 SNMP,通过 SNMP 对交换机或路由器的管理方法。

(3) 了解通过交换机配置 SNMP,服务器安装网络管理软件,从而进行大型网络管理。

2. 实验拓扑

实验拓扑如图 5-3 所示。该实验在交换机的 f0/1 端口连接一台 PC1,PC 上运行 SNMP 测试软件验证配置。

192.168.12.2

F0/1

S1

PC1
192.168.12.3

图 5-3   交换机 SNMP 实验拓扑

3. 实验步骤

(1) 配置交换机 S1。

```
S1(config)#interface vlan 1
//配置交换机交换虚拟接口,对交换机进行远程管理。
S1(config-if)#ip address 192.168.12.2 255.255.255.0
S1(config-if)#no shutdown
S1(config)#ip default-gateway 192.168.12.1
//配置交换机默认网关。
S1(config)#interface f0/1
S1(config-if)#speed-duplex auto
//配置以太网接口双工模式、速率。
S1(config)#interface range f0/2-24,g0/1,…
//禁用其他未使用的端口。
S1(Config-Port-Range)#shutdown
```

(2) 打开交换机作为 SNMP 代理服务器功能。

```
S1(config)#snmp-server enable
```

（3）配置交换机 SNMP 团体字符串，用 private 作为团体字符串对交换机进行可读写的访问，也可以使用 public 作为团体字符串对交换机进行只读的访问。

```
S1(config)#snmp-server community rw private
S1(config)#snmp-server community ro public
```

4. 实验调试

（1）在 PC1 上配置 IP 地址为 192.168.12.2，配置 SNMP 软件（本实验使用了 Paessler SNMP Tester 这款免费软件），首先填入要访问的设备 IP 地址，以及团体字符串，单击 Start 按钮开始测试，如图 5-4 所示。

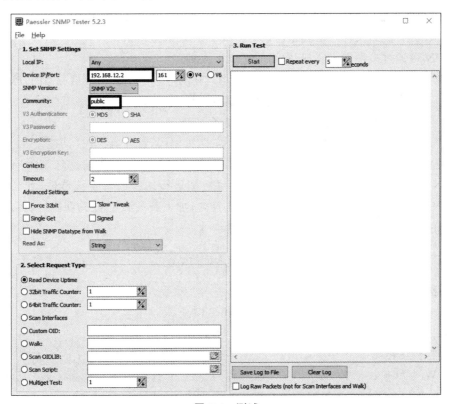

图 5-4　测试

（2）在右侧输入界面查看结果，如图 5-5 所示。

```
SNMP V2c
Uptime
: SNMP Datatype: ASN_TIMETICKS
: -------
: DISMAN-EVENT-MIB::sysUpTimeInstance = 1499545815 ( 173 days )
: SNMP Datatype: SNMP_EXCEPTION_NOSUCHOBJECT
: HOST-RESOURCES-MIB::hrSystemUptime.0 = No such object (SNMP error # 222) ( 0 seconds )
: Done
```

图 5-5　查看结果

从图 5-5 可以看出，本设备已经运行了 173 天。

（3）在软件中更改团体字符串为"private"查看结果。

（4）在软件中更改 Request Type 选项卡选项，查看结果。

（5）在交换机配置"snmp-server enable traps""snmp-server host 192.168.12.2"，PC1上安装 OpenNMS 软件，通过 PC1 的 Web 浏览器访问 NMS（网络管理软件）服务，来管理交换机。

◆ 5.3　VPN

虚拟专用网络（VPN）的功能是在公用网络上建立专用网络，进行加密通信，属于远程访问技术。VPN 网关通过对数据包的加密和数据包目标地址的转换实现远程访问。

VPN 隧道协议主要有 3 种：PPTP、L2TP 和 IPSec。其中 PPTP 和 L2TP 工作在 OSI 模型的第二层，又称二层隧道协议；IPSec 是三层隧道协议。

VPN 可通过多种方式实现，常用的有以下 4 种。

（1）VPN 服务器：在大型局域网中，可以通过在网络中心搭建 VPN 服务器的方法实现。

（2）软件 VPN：可以通过专用的软件实现 VPN。

（3）硬件 VPN：可以通过专用的硬件实现 VPN。

（4）集成 VPN：某些硬件设备，如路由器、防火墙等，都含有 VPN 功能。

VPN 数据包的一般处理过程为：首先，受保护主机发送明文信息到 VPN 设备；然后，VPN 设备根据网络管理员设置的规则，对数据进行加密或者直接传输，如果需要加密，VPN 设备将整个数据包加密并进行数据签名，加上新的数据包头重新封装；最后，将封装后的数据包通过隧道在公共网络上传输。

实验 5-4
视频

实验 5-4：VPN 配置

1. 实验目的

（1）理解虚拟专用网的实现原理、协议和结构。

（2）掌握利用 PPTP（点对点隧道协议）配置 VPN 的方法。

2. 实验拓扑

在 Windows 2003 Sever 中 VPN 服务称为"路由和远程访问"，默认状态下已经安装，但需要对此服务进行必要的配置使其生效。实验拓扑如图 5-6 所示。

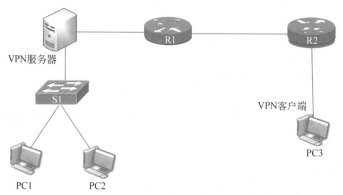

图 5-6　VPN 实验拓扑

3. 实验步骤

（1）VPN 服务器配置。

在服务器端，依次选择"开始"→"所有程序"→"管理工具"→"路由和远程访问"，打开"路由和远程访问"服务窗口，如图 5-7 所示；再在窗口中右击服务器名，在弹出的菜单中选择"配置并启用路由和远程访问"命令，出现"路由和远程访问服务器安装向导"对话框，如图 5-8 所示，单击"下一步"按钮。

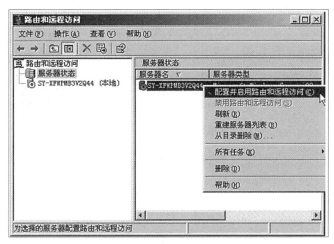

图 5-7　配置并启用路由和远程访问

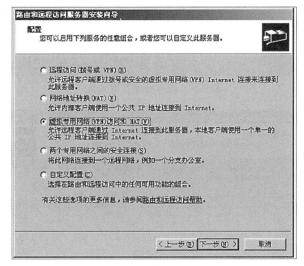

图 5-8　"路由和远程访问服务器安装向导"对话框

在"路由和远程访问服务器安装向导"对话框中，选中"虚拟专用网络（VPN）访问和NAT(V)"单选按钮，单击"下一步"按钮；然后在 VPN 访问所需协议对话框中选择或添加 VPN 访问所需的协议，如果已经包含所需要的协议，则单击"下一步"按钮，本实验使用的是 TCP/IP。之后，系统对客户端进行配置，一般采用默认值，单击"下一步"按钮。选择通过 VPN 服务器的哪块网卡进行网络连接，并选中指定的网络连接。

　　下面为 VPN 客户端指定想要使用的网络,在选择客户端 IP 地址指定方式的界面中,选择"来自一个指定的地址范围"单选按钮,如图 5-9 所示。客户端连接到 VPN 服务器时,服务器将为客户端指派一个 IP 地址。如果 VPN 服务器能够连接到网络中的 DHCP 服务器来得到 IP 地址,则选择"自动"方式;如果网络中没有 DHCP 服务器,则由 VPN 服务器指定一个地址范围。为了让客户端和服务器能够在同一个网段,这台服务器将会指派所有第一个范围内的地址。指派的 IP 地址一般为内部网络中的专用 IP 地址。在"地址范围指定"对话框中,输入起始 IP 地址、结束 IP 地址和范围内的 IP 地址数目,如图 5-10 所示。采用 DHCP 动态 IP 的网络速度相对较慢,而使用静态 IP 可减少 IP 地址的解析时间,因此网络速度较快。

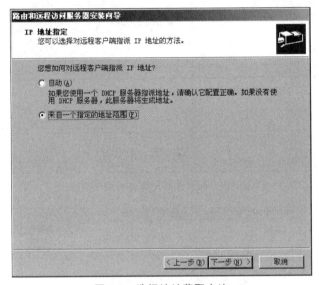

图 5-9　选择地址获取方法

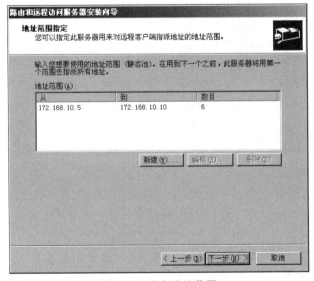

图 5-10　设定地址范围

在弹出的是否使用 RADIUS 服务器管理所有远程访问服务器的界面中,采用默认值,单击"下一步"按钮。连接请求可以在这台服务器上进行验证,也可以转发到远程验证拨号用户服务(RADIUS)的服务器上进行验证。如果在网络上使用了 RADIUS 服务器,可以设置这台 VPN 服务器转发验证请求到 RADIUS 服务器上;如果网络没有使用 RADIUS 服务器,可以直接使用路由和远程访问来验证连接请求。最后,单击"完成"按钮,就完成了 VPN 服务器的配置。

下面配置 VPN 服务器端的 VPN 端口。选择"开始"→"所有程序"→"管理工具",打开"路由和远程访问"服务窗口,选择"端口",则显示出配置过的端口,此时由于未建立 PPTP 的 VPN 连接,所以端口状态都是"不活动"状态。远程访问记录中也没有显示有远程访问连接。右击"端口"选择"属性",可以配置端口使用的 VPN 协议,默认设置中首先使用 PPTP,然后再考虑 L2TP。

选择一个设备,例如 PPTP,单击"配置"按钮。选中"远程访问连接(仅入站)"则可以启动这个设备,选中"请求拨号路由选择连接(入站和出站)"则可以启动这个设备的路由功能,在"最多端口数"中可以写入 VPN 连接同时打开的连接数。单击"确定"按钮,就完成了 VPN 端口配置,如图 5-11 所示。

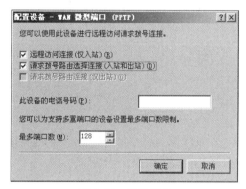

图 5-11　配置设备

新建一个有拨入权限的用户。要登录 VPN 服务器,必须为 VPN 服务器中的系统用户开放允许拨入的权限,必须使用这个用户名和密码才能登录 VPN 服务器。操作方法是,单击"开始"→"所有程序"→"管理工具"→"计算机管理",选择"系统工具"→"本地用户和组"→"用户",创建新用户,然后右击其属性,在"拨入"选项卡中选择"允许访问",赋予该用户访问权,该用户才能登录,如图 5-12 所示。

图 5-12　开放用户权限

　　下面更改服务器设置。在"路由和远程访问"服务窗口中,右击服务器并选择"属性"命令,打开"属性"对话框,如图 5-13 所示。在"常规"选项卡中,如图 5-14 所示,可以将这台计算机设为路由和远程访问服务器。如果 VPN 服务器充当远程访问服务器,并且允许客户端连接到企业局域网,那么 VPN 服务器还需要充当路由器。在"安全"选项卡中,如图 5-15 所示,可以设置身份验证提供程序和记账提供程序,内置的身份验证提供程序有 Windows 身份验证和 RADIUS 身份验证。Windows 身份验证功能可以使本机充当验证服务器,从本机安全数据库中验证有需要连接的用户。本实验使用默认的 Windows 身份验证。

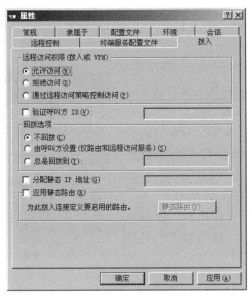

图 5-13　服务器属性

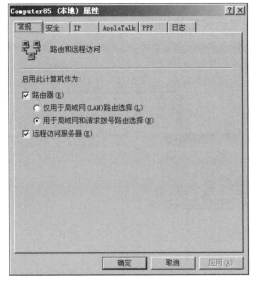

图 5-14　"常规"选项卡

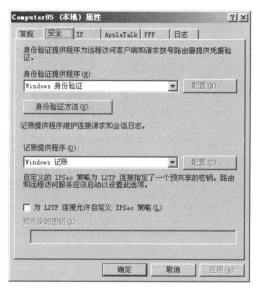

图 5-15　"安全"选项卡

（2）VPN 客户端配置。

首先选择"控制面板"→"网络连接"，或选择"网上邻居"的"属性"项，然后双击"新建连接向导"，打开向导窗口后，单击"下一步"按钮，如图 5-16 所示。在"网络连接类型"对话框中选择第二项"连接到我的工作场所的网络"单选按钮，单击"下一步"按钮，接着在"网络连接方式"对话框中选择第二项"虚拟专用网络连接"，单击"下一步"按钮，最后在弹出的连接名界面中，输入为此连接起的名字，完成命名。

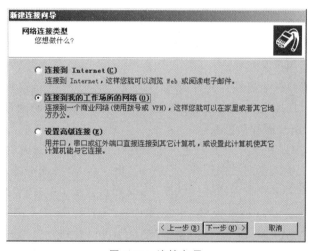

图 5-16　连接向导

单击"下一步"按钮，在弹出的对话框中设置是否预拨初始连接，以确认公用网络是否连接好。选择"不拨初始连接"，单击"下一步"按钮，输入 VPN 服务器端的 IP 地址或者主机名。单击"下一步"按钮，进入完成界面，选中创建快捷方式，单击"完成"按钮，出现 VPN"连接"对话框，如图 5-17 所示。

图 5-17　VPN"连接"界面

下面进行 VPN 客户端的连接属性配置。在"属性"配置窗口中,打开"安全"菜单,选中"高级"命令,单击"设置"按钮,可以进一步配置 VPN 采用的加密方式和身份认证协议。

配置完成后,在窗口中输入用户名和密码发起 VPN 连接,建立与 VPN 服务器的连接。经过验证与注册,连接成功后在右下角状态栏会有图标显示,这时查看状态可以看到目前的连接是 VPN 连接。

(3) 建立 VPN 连接。

在建立 VPN 连接前,使用 ipconfig 命令在客户端查看目前网络连接的配置情况,可以看出只有一个本地连接。

而 VPN 服务器配置完毕后,可以在客户端建立与 VPN 服务器的连接。在连接前,必须确认 VPN 服务器已经完成以下设置。

① 已经为远程用户新建账户。

② 设置用户账户拨入属性为允许拨入。

③ 存在一个可用的远程访问策略,并且用户连接符合远程访问策略条件,可以利用远程访问策略授予用户远程访问权限。

然后,使用步骤(2)在客户机上创建一个新连接。连接向导完成后,登录服务器,双击新建的连接名,依次输入创建过的用户名和密码,建立与 VPN 服务器的连接。

连接成功后,查看客户端网络连接状况,可以看到新增了一个网络连接。在 VPN 服务器端,可以看到建立了一个 RAS(Remote Access Server)的拨入网络连接。

打开"路由和远程访问"服务窗口,单击"端口",可以看到一个 WAN 微型端口的状态已经成为"活动"状态。此时,"远程访问客户端"后面有一个"(1)",代表已经有一个 VPN客户端连接到了 VPN 服务器。查看端口的状态,可以看到 VPN 客户端和服务器端之间连接传输的次数、连接时间、客户端的 IP 等信息。

4. 实验调试

建立与 VPN 服务器的连接,查看服务器端、客户端网络连接状态信息。

第6章

广域网协议

在每个广域网连接上，数据在通过广域网链路之前都会封装成帧。如果要确保使用正确的协议，需要配置适当的二层封装协议，而协议的选择主要取决于所采用的 WAN 技术和通信设备。目前常见的广域网封装有 HDLC 和 PPP 等。广域网链路的封装和以太网上的封装有着非常大的差别，例如，HDLC 帧没有源 MAC 地址和目的 MAC 地址。

◆ 6.1 HDLC

HDLC(High-level Data Link Control，高级数据链路控制)是点到点串行线路上(同步电路)的帧封装格式，它是面向位比特(b)的同步数据链路层协议。HDLC 是由国际标准化组织 ISO 开发的，Cisco 公司对标准的 HDLC 协议进行了专有化，增加了一个用于标识三层封装网络协议的字段，解决了无法支持多协议的问题。但同时也带来了 Cisco 的 HDLC 封装和标准的 HDLC 封装不兼容的问题。Cisco 设备在同步串行线路上默认使用 HDLC 封装。HDLC 不能提供验证，缺少了对链路的安全保护。Cisco 的 HDLC 格式如图 6-1 所示。

标志 8b	地址 8b	控制 8b	协议 16b	数据 $N\times 8b$	校验序列 16b	标志 8b

图 6-1 Cisco 的 HDLC 帧结构

(1) 标志：指帧定界符，用"01111110"标志帧的起始和结束。

(2) 地址：表明帧是来自主站点还是从站点的。主站点或者复合站点发送的命令帧中，地址字段携带的是对方从站点的地址，而从站点发出的响应帧地址字段携带的是本站点的地址。总体来说，在使用不平衡方式传输数据时，地址字段总是写入从站的地址；在使用平衡方式时，地址字段总是写入响应站点的地址。还可以用全"1"地址表示广播地址，含有广播地址的帧传送给链路上所有的站点。定义全"0"地址为无站地址，这种地址不分配给任何站点，仅作测试用。

(3) 控制：用来实现 HDLC 协议的各种控制信息，有 3 种不同格式。根据其最前面两位的取值，可将 HDLC 帧划分为：信息帧(Information)、监控帧

(Supervisory)和无编号帧(Unnumbered)。

(4) 协议:指帧内封装的协议类型,如 0x0800 表示 IP 协议。

(5) 数据:包含用户的数据信息和来自上层的各种控制信息。可以是任意长度,但必须是 8 位的整数倍。

(6) 校验序列(FCS):可以使用 16 位 CRC,对两个标志字段之间的整个帧的内容进行校验。

◆ 6.2 PPP

PPP(Point-to-Point Protocol,点到点协议)也是串行线路上(同步电路或者异步电路)的一种帧封装格式,是面向字节的。PPP 可以提供对多种网络层协议的支持,可以对不同厂商的设备进行互连,并且支持认证、多链路捆绑、回拨、压缩和链路质量管理等功能。这种链路提供全双工操作,按照顺序传递数据包。PPP 的设计目的主要是用来通过拨号或专线方式建立点对点连接发送数据,典型的应用是家庭拨号上网。在 ADSL 接入方式当中,PPP 与其他协议衍生出了新的协议,如 PPPoE、PPPoA。

1. PPP 帧格式

PPP 协议的帧格式与思科 HDLC 帧格式相同,但字段含义有所不同。

(1) 标志:与 HDLC 帧中的标志字段一致。

(2) 地址:PPP 是点对点通信协议,明确知道对方结点。因此该字段无实际意义,固定值为 0xFF。

(3) 控制:PPP 只有一种帧类型,即无编号信息帧。因此该字段也无实际意义,固定值为 0x03。

(4) 协议:0x0021 表示信息字段是 IP 数据包;0xC021 表示信息字段是链路控制协议(LCP)数据;0x8021 表示信息字段是网络控制协议(NCP)数据;0xC023 表示信息字段是 PAP 安全性认证数据包;0xC223 表示信息字段是 CHAP 安全性认证数据包。

(5) 数据:默认为 1500B,可以是任意长度。

2. PPP 的 3 个主要组件

(1) 用于在点对点链路上传输多种协议类型的数据包,类似于 HDLC 的成帧方式。

(2) 用于建立、配置和测试数据链路连接的可扩展链路控制协议(Link Control Protocol,LCP)。

(3) 用于建立和配置各种网络层协议的一系列网络控制协议(Network Control Protocol,NCP)。

3. PPP 会话

PPP 在一个点到点的链路上建立通信连接包括以下 5 个阶段。

(1) 链路建立协商:当用户发起 PPP 连接请求时,首先打开物理接口,然后 PPP 在建立链路之前先通过封装了 LCP 的 PPP 帧与接口进行协商,协商内容包括工作方式是单 PPP 通信还是多 PPP 通信、认证方式和最大传输单元等。

(2) 链路的建立:LCP 协商完成后,进行数据链路的建立。启用 PPP 数据链路层协议,对接口进行封装。如果启用成功,进入身份认证阶段,并保持 LCP 为激活状态,否则返回关闭接口,LCP 状态关闭。

(3) 身份认证:对请求连接的用户进行身份认证。根据通信双方所配置的认证方式进行身份认证,PPP 支持两种认证协议,密码验证协议(Password Authentication Protocol, PAP)和质询握手身份验证协议(Challenge Handshake Authentication Protocol, CHAP)。

(4) 网络层控制协议协商:身份认证成功进入该阶段,使用封装了 NCP 的 PPP 帧与对应的网络层协议进行协商,并为用户分配一个临时的网络层地址。如果身份认证失败,直接进入结束阶段。

(5) 链路的终止:PPP 链路一直保持通信,直到有明确的 LCP 或者 NCP 帧关闭该链路,或者发生外部干预,进入结束阶段。关闭 NCP,释放为用户分配的临时网络层地址,关闭 LCP。

4. PPP 身份认证

(1) PAP。

PAP(Password Authentication Protocol,密码验证协议)利用两次握手的简单方法进行认证。在 PPP 链路建立完毕后,被验证方不停地在链路上反复发送用户名和密码,直到验证通过。PAP 的验证过程中,密码在链路上是以明文传输的,而且由于是被验证方控制验证重试频率和次数,因此 PAP 不能防范回放攻击和重复的尝试攻击。

(2) CHAP。

CHAP(Challenge Handshake Authentication Protocol,质询握手身份验证协议)利用 3 次握手周期性地验证源端结点的身份。CHAP 验证过程在链路建立之后进行,而且在以后的任何时候都可以再次进行,这使得链路更为安全。CHAP 不允许连接发起方在没有收到询问消息的情况下进行验证尝试。CHAP 每次使用不同的询问消息,每个消息都是不可预测的唯一的值,CHAP 不直接传送密码,只传送一个不可预测的询问消息,以及该询问消息与密码经过 MD5 加密运算后的 Hash 值。所以 CHAP 可以防止回放攻击,安全性比 PAP 要高。

PAP 和 CHAP 认证均可以是单向的也可以是双向的。

实验 6-1:PPP 配置

1. 实验目的

PPP 的主要功能是实现认证,现在家庭宽带一般都使用 PPPoE 技术,该技术通过在以太网环境中封装 PPP 的数据包,实现认证功能。目前运营商在家用宽带网络中广泛使用这一技术。

(1) 掌握串行链路上的封装概念。

(2) 了解 PPP 封装。

2. 实验拓扑

实验拓扑如图 6-2 所示。

实验 6-1
视频

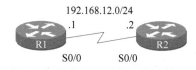

192.168.12.0/24

图 6-2 HDLC 和 PPP 基本配置拓扑图

3. 实验步骤

(1)在路由器 R1 和 R2 上配置 IP 地址,保证直连链路的连通性。

```
R1_config#int s0/0
R1_config_s0/0#ip address 192.168.12.1 255.255.255.0
R1_config_s0/0#no shutdown
R2_config#int s0/0
R2_config_s0/0#physical-layer speed 128000
R2_config_s0/0#ip address 192.168.12.2 255.255.255.0
R2_config_s0/0#no shutdown
```

(2)修改串行链路两端的接口封装为 PPP 封装。

```
R1_config#int s0/0
R1_config_s0/0#encapsulation ppp
R2_config#int s0/0
R2_config_s0/0#encapsulation ppp
```

4. 实验调试

(1)测试 R1 和 R2 之间串行链路的连通性。

(2)链路两端封装不同协议后测试其连通性。

实验 6-2:PAP 认证

实验 6-2
视频

1. 实验目的

掌握 PAP 认证的配置方法。

2. 实验拓扑

实验拓扑如图 6-2 所示。

3. 实验步骤

本实验可以在实验 6-1 的基础上继续进行。实验开始之前,要开通需要验证的路由器的验证功能。

```
R1_config#aaa authentication ppp default local
R2_config#aaa authentication ppp default local
```

(1)两端路由器上的串口采用 PPP 封装。

```
R1_config#int s0/0
R1_config_s0/0#encapsulation ppp
```

（2）在远程路由器 R1 上,配置中心路由器上登录的用户名和密码。

```
R1_config_s0/0#ppp pap sent-username R1 password 123456
```

（3）在中心路由器上的串口采用 PPP 封装。

```
R2_config#int s0/0
R2_config_s0/0#encapsulation ppp
```

（4）在中心路由器上,配置 PAP 验证。

```
R2_config_s0/0#ppp authentication pap
```

（5）在中心路由器上为远程路由器设置用户名和密码。

```
R2_config#username R1 password 123456
```

（6）在中心路由器 R1 上,配置 PAP 验证。

```
R1_config_s0/0#ppp authentication pap
```

（7）在中心路由器 R1 上为远程路由器 R2 设置用户名和密码。

```
R1_config#username R2 password 654321
```

（8）在远程路由器 R2 上,配置用户名和密码。

```
R2_config_s0/0#ppp pap sent-username R2 password 654321
```

4. 实验调试
（1）测试 R1 和 R2 之间串行链路的连通性。
（2）在特权模式下使用"debug ppp authentication"命令可以查看 PPP 认证过程。

实验 6-3：CHAP 认证

实验 6-3
视频

1. 实验目的
掌握 CHAP 认证的配置方法。

2. 实验拓扑
实验拓扑如图 6-2 所示。

3. 实验步骤
本实验可以在实验 6-1 的基础上继续进行。实验开始之前,要开通需要验证的路由器的验证功能。

```
R1_config#aaa authentication ppp default local
R2_config#aaa authentication ppp default local
```

（1）通过命令为对方配置用户名和密码。

```
R1_config#username R2 password hello
R2_config#username R1 password hello
```

（2）路由器的两端串口采用 PPP 封装，并配置 CHAP 验证。

```
R1_config#int s0/0
R1_config_s0/0#encapsulation ppp
R1_config_s0/0#ppp authentication chap
R1_config_s0/0#ppp chap hostname R1
R2_config#int s0/0
R2_config_s0/0#encapsulation ppp
R2_config_s0/0#ppp authentication chap
R2_config_s0/0#ppp chap hostname R2
//双方密码如果不相同的话,还需要配置 ppp chap password ***
```

4. 实验调试

（1）测试 R1 和 R2 之间串行链路的连通性。

（2）使用"debug ppp authentication"命令查看 PPP 的认证过程。

实 验 目 录

实验 1-1：通过 Console 端口访问路由器 ·················· 8

实验 1-2：路由器的密码恢复·················· 10

实验 1-3：路由器系统镜像文件备份、恢复或更新 ·················· 11

实验 2-1：配置直连路由和静态路由 ·················· 17

实验 2-2：配置默认路由 ·················· 20

实验 2-3：RIPv2 基本配置 ·················· 25

实验 2-4：RIPv2 手工汇总 ·················· 26

实验 2-5：RIPv2 静态路由重分布以及注入默认路由 ·················· 27

实验 2-6：RIPv2 认证·················· 29

实验 2-7：RIPv1 和 RIPv2 的混合配置 ·················· 30

实验 2-8：RIPng 基本配置 ·················· 32

实验 2-9：配置 BEIGRP ·················· 34

实验 2-10：BEIGRP 路由汇总 ·················· 36

实验 2-11：BEIGRP 负载均衡配置 ·················· 37

实验 2-12：点到点链路上的 OSPF ·················· 41

实验 2-13：广播多路访问链路上 OSPF 基本配置 ·················· 43

实验 2-14：OSPF 注入默认路由 ·················· 45

实验 2-15：OSPF 认证 ·················· 46

实验 2-16：OSPFv3 的基本配置 ·················· 47

实验 3-1：子网划分 ·················· 52

实验 3-2：单交换机 VLAN 划分 ·················· 54

实验 3-3：多交换机 VLAN 划分 ·················· 56

实验 3-4：VLAN 间路由 ·················· 58

实验 3-5：MSTP ·················· 60

实验 3-6：边缘端口配置 ·················· 61

实验 3-7：链路聚合 ·················· 62

实验 4-1：静态 NAT ·················· 64

实验 4-2：动态 NAT 和 PAT ·················· 66

实验 4-3：DHCP 配置 ·················· 68

实验 4-4：标准 ACL ………………………………………… 71

实验 4-5：扩展 ACL ………………………………………… 72

实验 5-1：配置交换机端口安全 …………………………… 76

实验 5-2：DHCP Snooping ………………………………… 78

实验 5-3：SNMP …………………………………………… 80

实验 5-4：VPN 配置 ………………………………………… 82

实验 6-1：PPP 配置 ………………………………………… 91

实验 6-2：PAP 认证 ………………………………………… 92

实验 6-3：CHAP 认证 ……………………………………… 93

后　记

路由器产品和交换机产品功能及配置方法类似,但侧重点不同。交换机侧重于交换性能,硬件线速转发,速度快。路由器更注重路由性能,路由表存储空间大,查找路由快速,同时包转发性能高。另外,路由器还有一些辅助的功能,如地址转换性能好,能够满足大量的 PAT 并发;策略制定便捷,能够灵活地制定各种策略来保障用户体验。

交换机产品按照使用场景可以分为家用级和企业级;按照分层模型可以分为接入层交换机、汇聚层交换机和核心层交换机;按照业务可以分为数据中心交换机、无线 PoE 交换机、普通交换机等。路由器也有类似的分类,按照场景可以分为家用级路由器、企业级路由器和运营商级路由器;按照网络类型可以分为广域网路由器、企业级网关、边缘计算网关、物联网网关等。

我国路由器交换机产业发展迅速,可以与国际大品牌抗衡,国内主要有华为、新华三、锐捷、神州数码云科等公司。国内产品线齐全,基本满足所有的场景和业务需求。下面对各企业网络中所涉及的主流路由器和交换机进行简要的介绍。

华为路由器分为 NE 系列路由器、ME 系列融合网关、SPN 系列切片分组网络平台、AR 系列接入路由器、AR 系列物联网关。NE 系列路由器是应用于企业广域网核心结点、大型企业接入结点、DC 互联、园区和各种大型 IDC 网络出口的新一代全业务智能路由器。ME 系列融合网关是多业务控制网关产品(即BRAS),提供统一的用户接入与管理平台,主要应用于广电、教育等行业。SPN系列切片分组网络平台是新一代大容量、大带宽、业务智能的分组传送核心设备,采用全新 SDN 架构,有效支撑企业长期演进和多业务承载。AR 系列接入路由器主要面向企业、政府、金融、制造、教育等各行业,提供 5G 超宽上行、3 倍业界转发性能、全系列支持 SD-WAN,满足不同规模企业对路由器的多元化需求。AR 系列物联联网关具备强大的边缘计算能力,开放软硬件资源,广泛应用于各种物联网场景,如智慧用能、物联杆站、智能配电房、智慧园区、智慧水利等领域。

华为交换机分为园区交换机、数据中心交换机、网络分析器(iMaster NCE-FabricInsight)三大类。园区交换机面向企业、政府、教育、金融、制造等各行业,打造极简管理、稳定可靠、业务智能的园区网络。数据中心交换机面向云数据中心,适用于各种场景和网络规模,为规模化、自动化、可编程和实时可见性而打造。iMaster NCE-FabricInsight 是面向数据中心网络的智能分析平台,基于大数据分析技术,为用户提供无处不在的网络应用分析与可视化呈现,打通应用和网络的边界。

新华三路由器分为广域网路由器、边缘计算-ICT 融合网关、企业级网关、NFV 路由器几个类型。广域网路由器有超宽、SDN 极简、安全可信的广域网,以及为广域承载网提供高可靠、可视化、自动化的智能保障特点。边缘计算-ICT 融合网关具有 IT&CT 资源融合,开放应用承载以及面向广域边缘计算场景、本地具备计算资源、开放平台承载生态应用,降低业务时延、减少带宽占用,提升用户体验的特点。企业级网关具有企业级高品质,公有云易维护的特点。NFV 路由器具有软硬件解耦,极致灵活以及硬件标准化,网络功能不再依赖于专用硬件设备的特点;软件虚拟化,运行在标准虚拟化环境中,提升网络/业务管理、维护、部署效率以及未来开放、创新能力的特点。

新华三交换机分为数据中心交换机、园区网交换机、EPON、工业和安防交换机几个类型产品。数据中心交换机具有超宽极简、智能融合、面向云数据中心的特点,适用于各种场景和网络规模,为规模化、自动化、可编程和实时可见性而打造。园区网交换机具有融合业务、智慧接入的特点,产品层次丰富,可为用户提供包括核心、汇聚、接入等全场景产品能力;核心/汇聚具备安全、无线、SDN、PON、PoE 等多业务能力,接入面向多种场景提供包括 AI PoE、终端智能识别等智慧接入能力。EPON 具有融合以太、智能简洁的特点,可构建超宽、融合、智能、可信的光网络平台,支持面向未来平滑演进能力。工业和安防交换机精工品质,坚如磐石,可长时间运行在 $-40\sim75℃$ 环境中,产品采用全工业级元器件,可实现 IP40 防护等级,同时具备防震、抗电磁干扰、抗雷击等特性,可应对多种场景。

锐捷路由器产品类别也较多,发布了金融行业定制路由器,开启了路由器产品的多业务之路,此后推出了 RSR 全系列路由器产品线,集路由、交换、VPN、防火墙、传输、应用扩展平台于一体。近年在业界优先推出了高性能多业务的 RG-RSR-X 全系列路由器产品,同时面对日益发展的移动互联网需求,推出了支持 4G/3G 的工业级移动路由器系列,应用于全行业场景。

锐捷交换机也根据不同的业务场景推出不同的方案和分类。数据中心场景有 25G/100G 数据中心网络解决方案,建设了互联网数据中心和企业数据中心;全光网络有极简以太全光解决方案,推出的极简 XS 解决方案包含极简园区物联网解决方案和极简 AI 智能意图网络解决方案;另外,还有全万兆园区网络交换机和极简云管解决方案。

神州数码网络 DCN 推出的路由器有多业务路由器、出口网关产品、模块化路由器、核心路由器几类产品。神州数码网络 DCN 交换机分为数据中心交换机、核心交换机、汇聚交换机、接入交换机、信创交换机和工业交换机。

不同厂家的设备都面向各自的应用场景,本书为初学者提供了路由器和交换机的基本使用方法,以案例的形式了解和学习路由器和交换机的基本原理,通过不断练习,可以根据项目需求,进行多种组网方式的网络设计与实现,并在组网的过程中解决项目中遇到的问题。